图像处理与模式识别

理论、方法和实践

王一丁　崔家礼　于仕琪　著

清華大學出版社
北　京

内 容 简 介

本书共三部分，分别介绍实践环境、图像处理实践和模式识别实践。第 I 部分介绍实践需要的硬件环境和软件环境，旨在帮助读者了解硬件环境和掌握编程能力。第 II 部分探讨数字图像处理，包含基本操作、几何变换、图像滤波、边缘检测、特征提取等，旨在帮助读者掌握图像处理技能。第 III 部分探讨模式识别，涵盖多个应用案例，包括人脸识别、目标跟踪、文本识别、条形码 / 二维码识别和基于视觉的机械臂等，每个操作案例都包括理论基础和实现过程。

图书在版编目 (CIP) 数据

图像处理与模式识别：理论、方法和实践 / 王一丁，崔家礼，于仕琪著．—北京：清华大学出版社，2024.10

ISBN 978-7-302-65739-2

Ⅰ．①图…　Ⅱ．①王…②崔…③于…　Ⅲ．①图像处理　Ⅳ．① TN911.73

中国国家版本馆 CIP 数据核字 (2024) 第 052066 号

责任编辑：文开琪
装帧设计：李　坤
责任校对：方　婷
责任印制：沈　露
出版发行：清华大学出版社
　　网　　址：https://www.tup.com.cn, https://www.wqxuetang.com
　　地　　址：北京清华大学学研大厦 A 座　　**邮　　编**：100084
　　社 总 机：010-83470000　　**邮　　购**：010-62786544
　　投稿与读者服务：010-62776969, c-service@tup.tsinghua.edu.cn
　　质量反馈：010-62772015, zhiliang@tup.tsinghua.edu.cn
印 装 者：三河市龙大印装有限公司
经　　销：全国新华书店
开　　本：185mm × 210mm　　**印　张**：$11\frac{1}{6}$　　**字　数**：369 千字
版　　次：2024 年 12 月第 1 版　　**印　次**：2024 年 12 月第 1 次印刷
定　　价：89.00 元

产品编号：100975-01

前　　言

图像处理和模式识别作为计算机视觉和人工智能领域的重要组成部分，不仅是国家重点发展的领域，也是多学科交叉的产物，涉及数学、计算机、电子等多个领域，对于培养学生的综合素质和提高解决复杂工程问题的能力具有至关重要的作用。在这一快速发展的学科中，新理论和新方法层出不穷，持续不断地为我们揭示更广阔的应用前景。

本书的主要目的是介绍数字图像处理与模式识别的概念和方法。本书将图像处理和模式识别的理论和实践相结合，既突出了理论的基础地位，又强调了实践在人才培养中的关键作用。在理论环节，既包含经典算法，也包含本领域较新的进展。在实践环节，既包含基于 Python 编程语言和 OpenCV 的软件实现，也包含基于嵌入式硬件平台的部署。

本教材面向通信工程、电子信息工程、人工智能、数据科学与大数据技术、计算机科学与技术等专业的本科生和研究生，适用于数字图像处理、计算机视觉、模式识别、机器学习等课程。针对初学者，本书提供数字图像和模式识别基础知识，介绍相关算法的实现流程。本书的内容不仅基于数学分析、线性代数、概率统计、线性系统等专业知识，还包含计算机 Python 编程以及 OpenCV 计算机视觉库，更方便对此有一定了解和掌握的读者在学习本书的过程中上手练习。针对感兴趣的读者，本书设置了开放习题供读者练习，旨在使本书成为提高研究能力的助推器。

本书包含三部分：实践环境、图像处理实践及模式识别实践。

第 I 部分“实践环境”首先介绍硬件基础，包含一些常见的硬件平台，如 PC 平台或嵌入式硬件平台 (VIM3、树莓派和 RV1126 等)。针对这些硬件平台的特点和优势进行展开介绍，以便读者在本书实践内容学习前对硬件知识和能力有一定了解和掌握。随后介绍实践需要的软件基础，包含 Python 语法以及 OpenCV 计算机视觉库的使用。编程基础薄弱和零基础的读者，可以从中了解一些相关基础内容。

第Ⅱ部分“图像处理实践”主要针对数字图像处理基础进行理论介绍和实践操作，内容包含基础操作、几何变换、图像滤波、边缘检测和特征提取与匹配，以及针对图像处理领域的常见问题，实现图像特征提取和分析。

第Ⅲ部分“模式识别实践”要介绍5个应用案例，如人脸识别应用、目标跟踪应用、文本识别应用、条形码与二维码识别应用、基于视觉的机械臂应用。针对每一个应用介绍相应的理论基础和实现过程，旨在提高实践者的系统观。

感谢张哲、余俊、王泽浩、李子贺、刘宇同、王涵、刘永基、宣臣焜等在本书组织和代码测试等方面的工作。

在本书的编写过程中，我们参考了国内外数字图像处理和模式识别研究领域的文献和书籍，在此谨向相关书籍和文献的作者表示真挚的感谢。

由于作者知识和能力有限，书中难免存在不妥之处，敬请同行专家和读者批评指正。

本书相关课件与代码资源，大家可以扫码获得。

目　录

第 I 部分　实践环境

第Ⅰ部分　实践环境

本书的实践案例需要在一定的实践环境下进行，实践环境包括硬件环境和软件环境。本书实践的硬件环境比较宽泛，支持大多数硬件平台。在本部分中，我们探讨了多种常用硬件平台的核心特性和功能，除了通用的 PC 平台外，还介绍了几种嵌入式系统，如 Vim3、树莓派和 RV1126 等。这样的详细介绍有助于读者理解并掌握各类硬件设备的特性及其在实际应用中的优势，为后续的深入实践内容学习打下坚实的理论基础。

本书实践的软件环境设定在 Linux 系统上（本书以 Linux 平台为例进行阐述，当然，在 Windows 系统下同样可行，只是细节有些差异），通过运用 Python 语言，借助 OpenCV 计算机视觉库来实现相关软件的开发。我们阐述了软件环境的使用方法，主要包括 Ubuntu(Linux) 系统，以及所用到的 Python 依赖库。即便是对这些基本概念不熟悉甚至初次接触的读者，也可以通过这部分内容快速入门，更好地理解和掌握实践所需的相关知识和技能。第 1 章表 1-1 还介绍了各章实践对应的例程脚本文件的命名、功能和组织情况。

硬件、软件环境的配置是实践的必要条件。同时，本书实践教学中各章节具有独立性，没有严格的先修后修关系，方便读者选择其中的某一部分单独进行。各章的实践操作步骤包括硬件、软件配置步骤。需要指出的是，硬件、软件环境配置一旦完成，就具有稳定性且对所有实践通用，因而我们并没有在每次实践中重复介绍。

第1章 实践硬件环境

1.1 概述

本章主要介绍实践所涉及到的硬件条件，本书所涉及的实验均可在支持 Linux 系统的 PC 平台或嵌入式平台上进行实践学习。本章介绍实践需要的 PC 平台配置，同时详细介绍几种嵌入式平台的配置（包括实验箱的配置）及其他可选用的开发板（如树莓派等）的硬件环境配置和使用方式。

1.2 PC 平台

要在 PC 上安装 Ubuntu 环境，需要满足一些基本的硬件要求。以下是根据不同版本的 Ubuntu，可能需要考虑的设备配置参数要求。

- 处理器：2 GHz 双核处理器或更高。
- 内存：至少 4 GB RAM。
- 硬盘空间：至少 25 GB 的硬盘空间用于安装 Ubuntu。
- 图形能力：VGA 能够支持 1024 × 768 屏幕分辨率。
- 安装介质：需要有 USB 端口用于安装介质 。
- 网络：可访问的互联网接入对于安装和更新很有帮助。

- 推荐：具有 3D 加速功能的显卡，至少 256 MB 显存。

请注意，这些是最低系统要求。如果想要更好的用户体验，可能需要更高的配置。此外，如果计算机硬件比较旧，还可以考虑使用 Ubuntu 的轻量级版本（如 Lubuntu 或 Xubuntu)，它们对系统资源的要求更低。

在 PC 上安装 Ubuntu 有一些显著的优势。

- 硬件多样性：PC 平台拥有丰富的硬件选择，无论是高性能的游戏 PC、工作站还是节能的迷你 PC，都能很好地支持 Ubuntu 操作系统。
- 可扩展性：PC 平台通常具有良好的可扩展性，用户可以根据需要添加或更换组件，如增加内存或更换更强大的显卡等，这有助于延长 PC 的使用寿命并适应不同的计算需求。
- 成本效益：使用 Ubuntu 的 PC 平台可以显著降低软件成本，因为 Ubuntu 及其大多数应用程序都是免费的，这对预算有限的个人或组织尤其有利。
- 灵活性：PC 平台上的 Ubuntu 允许用户根据个人需求进行高度定制，无论是安装特定的应用程序还是调整系统设置。
- 开源硬件支持：许多 PC 硬件厂商都提供对 Linux 的支持，这意味着 Ubuntu 可以更好地与这些硬件协同工作，提供更好的性能和稳定性。
- 教育和研究用途：PC 平台配合 Ubuntu 操作系统非常适合教育和研究用途，因为它可以提供一个开放的学习环境，让学生和研究人员探索底层技术。
- 专业软件支持：许多专业级软件，尤其是在编程、科学计算、图形设计等领域，都有针对 Linux 平台的版本，这使得 PC 平台上的 Ubuntu 成为一个强大的工具集。
- 网络安全实验环境：对于网络安全专业人士和爱好者来说，PC 平台上的 Ubuntu 可以作为一个理想的实验环境，用于学习和测试各种安全技术和工具。

通过利用 PC 平台的这些优点，Ubuntu 操作系统能够为用户提供一个强大、灵活且高效的计算环境。

1.3 嵌入式平台

关于嵌入式平台，我们将加以详细说明。

1.3.1 MVB-NCUT 机器视觉实验箱构成和说明

MVB-NCUT 是具备强大图像算法和任务处理能力的机器视觉实验箱。该实验箱以 OpenCV 为基础，能够实现多样化的机械视觉工程和应用。

1.3.1.1 具体配置

图 1-1 为 MVB-NCUT 机器视觉实验箱，以下将对整体硬件环境进行简要说明。

- Khadas VIM3 单板计算机：本书主要采用单板计算机，可以支撑机器视觉实验。
- 机械臂：多个电机组成的机械臂可以实现抓取和追踪相关的动作。
- 摄像头：安装在机械臂上的摄像头负责进行图像信息采集。
- USB 连接器和线若干：实现各个硬件之间的通信连接。
- 鼠标和键盘：负责实现对操作系统的实际操作。

图 1-1　MVB-NCUT 机器视觉实验箱

1.3.1.2 简要操作说明

操作说明如下。

(1) 打开实验箱，按照图 1-2 连接设备。

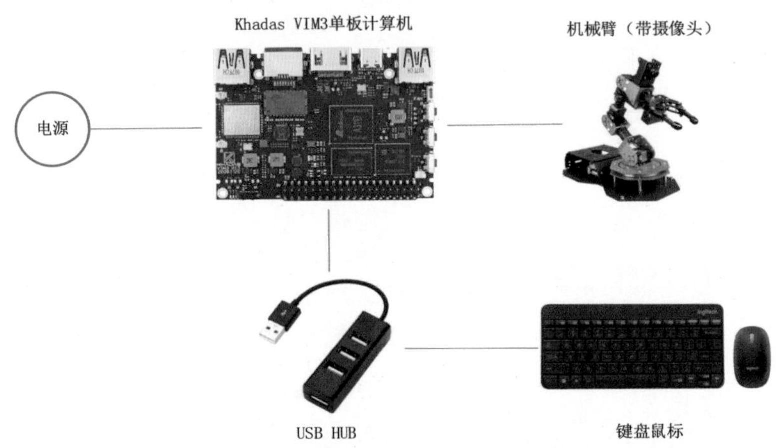

图 1-2 连接实验箱设备拓扑图

(2) 参考图 1-3，在箱子左侧插好电源线后，找到电源开关位置按下红色开关，启动电源。

图 1-3 电源开关示意图

(3) 进入 Ubuntu 登录界面，密码为用户名：khadas，如图 1-4 所示。

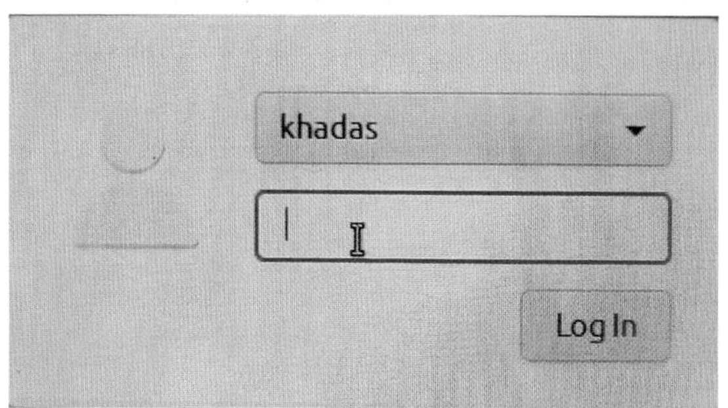

图 1-4　登录界面示意图

(4) Ubuntu 的操作界面如图 1-5 所示。

图 1-5　Ubuntu 的操作界面示意图

(5) 如需运行 python 文件，可找到命令行窗口运行。本书假定例程存放在桌面上的 examples 文件夹下，本书的 10 个实践分别放在 examples 文件夹下的编号分别为 1 ~ 10 的子文件夹内，操作如图 1-6 所示。

续表

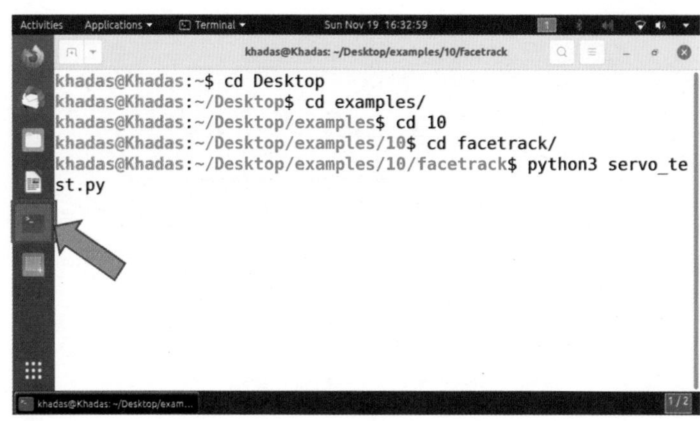

图 1-6　运行窗口界面示意图

(6) 通过 cd 指令进入 py 文件所在目录，执行 python3 +py 文件，即可运行。现有文件如表 1-1 所示。

表 1-1　本书用到的可执行 python 文件及其功能

对应章	文件名称	文件实现功能
3	image_readwrite.py	图像读写
	video_read.py	视频读取
	video_write.py	视频存储
4	image_affine.py	图像的几何变换
	image_transform.py	图像的仿射变换
5	image_filtering.py	图像的常用滤波
6	canny.py	使用 Canny 算子的图像边缘检测
	edges.py	几个常见的算子的图像边缘检测

对应章	文件名称	文件实现功能
7	sift.py	SIFT 图像特征提取
	bfmatch.py	图像特征暴力匹配
	flann.py	图像特征快速最近邻匹配
8	haar_face.py	基于传统方法人脸检测
	yunet_face.py	基于深度学习方法人脸检测
	face_recognition.py	基于深度学习方法的人脸识别
9	meanshift.py	Meanshift 算法目标跟踪
	camshaft.py	Camshift 算法目标跟踪
	dasiamrpn.py	DaSiamRPN 算法目标跟踪
10	mser.py	MSER 方法文字检测
	text_detection_db.py	DB 方法文字检测
	text_recognition_crnn.py	CTC 方法文字检测
11	qrcode.py	基于传统算法 QRCodeDetector 的二维码识别
	wechat_qrcode.py	基于深度学习方法 WeChatQRCode 的二维码识别
12	servo_test.py	机械臂舵机控制
	facetrack.py	跟踪人脸的机械臂控制

更多 Ubuntu 系统相关操作可参考官方中文 wiki：https://wiki.ubuntu.org.cn/ 或官方指导文档附件 1 “Ubuntu Server Guide”。

1.3.2 VIM3 开发板

我们将从整体特征与产品规格这两个方面来介绍 VIM3 开发板。

1.3.2.1 VIM3 开发板概述

VIM3 开发板适合进行机器视觉实验，功能较为强大，图 1-7 展示了 Khadas VIM3 开发板的结构。它具备以下特点。

- 强大的处理能力：VIM3 搭载了 Amlogic A311D 处理器，采用 6 核心架构，4 个高性能的 Cortex A73 大核和 2 个低功耗的 Cortex A53 小核。这样的处理器配置提供了高性能和低功耗的双重优势，使 VIM3 能够处理复杂的图像算法和任务。
- 丰富的接口和功能：VIM3 延续了 VIM 系列的信用卡大小尺寸，并与 VIM1 和 VIM2 兼容。它提供了丰富的接口和功能，包括可编程 MCU、MIPI-CSI 双摄像头支持、RTC 实时时钟、WOL 以太网唤醒、3 轴重力传感器等。这些功能使 VIM3 能够满足机器视觉实验中的各种需求。
- 强大的拓展能力：VIM3 上的 M.2 插槽支持 NVMe SSD 和其他拓展板，如百兆 PoE 以太网、4G LTE 模块等。这使得 VIM3 能够扩展更多的功能和接口，满足更多机器视觉实验的需求。
- 集成的 AI 功能：VIM3 集成了 5.0 TOPS 的 NPU(神经网络处理单元)，提供了强大的人工智能处理能力。这使得 VIM3 能够处理复杂的机器学习和深度学习算法，满足机器视觉实验中的 AI 需求。
- 可切换的 PCIe/USB 3.0 和 USB-C PD 支持：VIM3 支持可切换的 PCIe/USB 3.0 接口，以及 USB-C PD 协议的 5-20 V 宽电压输入。这为 VIM3 提供了更灵活的外设连接和供电选项，进一步扩展了其适用的机器视觉实验场景。

(a) 正面结构图

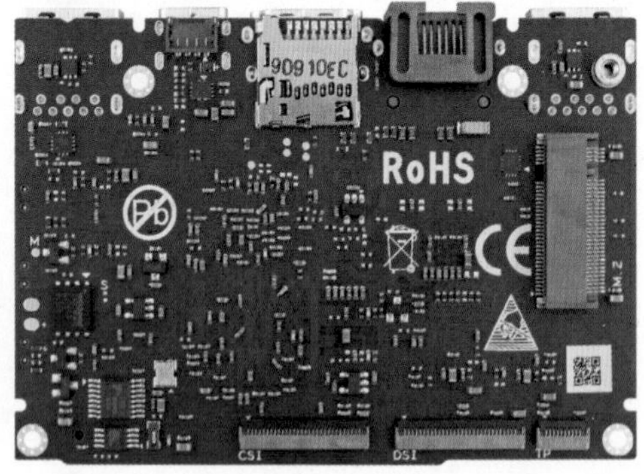

(b) 结构图背面

图 1-7　Khadas VIM3 开发板结构示意图

综上所述，VIM3 开发板凭借其强大的处理能力、丰富的接口和功能、强大的拓展能力、集成的 AI 功能以及可切换的接口和供电支持，非常适合进行机器视觉实验。无论是图像处理、目标检测、目标跟踪还是深度学习算法的开发和优化，VIM3 都能够提供强大的支持和灵活的扩展能力。

1.3.2.2 VIM3 产品规格

本书主要聚焦于 VIM3 开发板，表 1-2 为 VIM3 的原始产品规格表，扫码也可查看。

表 1-2 VIM3 产品规格表

Model	Basic	Pro
SoC	Amlogic A311D 2.2 GHz Quad core ARM Cortex-A73 and 1.8 GHz dual core Cortex-A53 CPU ARM G52 MP4 GPU up to 800MHz HW UHD 4K H.265 75fps 10-bit video decoder low latency 1080p H.265/H.264 60fps encoder Support multi-video decoder up to 4Kx2K@60fps+1x1080P@60fps Dolby Vision and HDR10,HDR10+,HLG and PRIME HDR video processing Build-in Cortex-M4 core for always on processing TrustZone based security for DRM video streaming	
	5 TOPS Performance NPU INT8 inference up to 1536 MAC Supports all major deep learning frameworks including TensorFlow and Caffe	
MCU [1]	STM8S003 with Programmable EEPROM	
SPI Flash	16 MB	
LPDDR4/4X [2]	2 GB	4 GB
EMMC 5.1	16 GB	32 GB
Wi-Fi	AP6398S Module 802.11a/b/g/n/ac, 2X2 MIMO RSDB[3]	
Bluetooth	Bluetooth 5.0	
LAN	10/100 / 1000M	

续表

Model	Basic	Pro
WOL [4]	Wake on Lan	
TF Card	Molex Solt,Spec Version 2.x/3.x/4.x(SDSC/SDHC/SDXC)	
USB Host	x2 (900 mA & 500 mA Load)	
USB Type-C	USB2.0 OTG & USB PD	
VIN Connector	System Power Input	
Wide Input Voltage	5-20 V	
HDMI	Type-A Female HDMI2.1 transmitter with 3D, Dynamic HDR,CEC and HDCP 2.2 support	
MIPI-DSI	4 lanes Interface,resolution up to 1920*1080 30 Pin 0.5mm Pitch FPC Connector	
Touch Panel	10 Pin 0.5mm FPC Connector	
Camera	Interface:4 lanes MIPI-CS Supports Dual Cameras Up to 8 MP ISP 30 Pin 0.5mm Pitch FPC Connector	
Sensor	KXTJ3- 1057 Tri-axis Digital Accelerometer	
M.2 Socket	PCle 2.0 (one lane) M.2 2280 NVMe SSD Supported USB 2.0,12S,12C,ADC,100M Ethernet PHY interface,GPIO	
IR Receiver	2 Channels	
RTC Battery Header	0.8mm Pitch Header	
Cooling Fan Header	4-Pins 0.8mm Pitch Header, with PWM Speed Control	
LEDs	Blue LED x1, White LED x1, Red LED x1	
40-Pins Header(2.54mm)	CPU: USB, I2C, I2S, SPDIF, UART, PWM, ADC MCU: SWIM, NRST, PA1	
Buttons	x3 (Power / Func / Reset)	

Model	Basic	Pro
XPWR Pads	For External Power Button	
Mounting Holes	Size M2*4	
Board Dimensions	82.0*58.0*11.5 mm	
Board Weight	28.5g	
Bootloader	Mainline U-Boot	
Linux Kernel	Mainline Linux	
Linux Distros	Ubuntu 20.04	
Android	Android 9.0	
Officially supported by	Google AOSP Google Fuchsia OS Armbian	
Khadas Only	Khadas TST [5]	
	Khadas KBI [6]	
	Fenix Script [7]	
Compliance	CE, RoHS	

[1] MCU: Power management, EEPROM for customization, and boot media (SPI Flash or eMMC)setup.
[2] LPDDR4 or LPDDR4X RAM will be selected randomly during manufacturing.
[3] RSDB: Real Simultaneous Dual Band, which lets VIM3 and other devices transmit and receive data over two bands at the same time.
[4] WOL: Power on or wake up VIM3 remotely over Lan through APP or webpage.
[5] The Khadas TST feature enables developers to enter upgrade mode easily: simply press the function key 3 times within 2 seconds, and it works even if the boot loader is damaged.
[6] Khadas KBI: Switch the "combo interface" between PCle and USB 3.0.
[7] Fenix Script: One-click script for building of Linux Distributions.

1.3.3 树莓派硬件平台介绍

下面将从整体概述和主要型号这两个方面来介绍树莓派硬件平台。

1.3.3.1 树莓派概述

树莓派作为小型的单板计算机，它由英国的树莓派基金会开发，用于教育、学习和创造各种计算机项目，特别适合用作机器视觉实验平台。树莓派的特点如下。

- 强大的计算能力：树莓派搭载高性能的 ARM 处理器并有足够的内存，能够处理大量的图像数据和进行复杂的计算任务。这使得树莓派能够快速执行图像处理算法和机器学习模型，实现实时的机器视觉应用。
- 丰富的图像处理库和工具支持：树莓派上有广泛的图像处理库并有工具可供选择，如 OpenCV、PIL 等。这些库提供了丰富的图像处理和分析功能，包含图像滤波、边缘检测、特征提取等，使您能够轻松进行各种图像处理操作。
- GPIO 接口和扩展性：树莓派具备通用输入输出 (GPIO) 接口，可以方便地连接各种传感器、摄像头和外围设备。这使得树莓派能够作为一个完整的机器视觉系统，与外部设备进行交互，如控制电机、触发传感器等。此外，树莓派还支持各种扩展板和模块，如摄像头模块、显示屏模块等，进一步扩展了其功能和连接性。
- 低成本和便携性：相比传统的计算机或嵌入式系统，树莓派具有较低的成本和小巧的体积，非常适合用于教育、研究和个人项目。同时，它的便携性使得您可以轻松携带和部署树莓派，进行机器视觉实验和原型设计。
- 开源社区支持：树莓派拥有庞大的开源社区，有许多开发者和爱好者积极参与其中。这意味着您可以从社区中获取丰富的知识、教程和支持，加速机器视觉实验和开发过程。您可以分享您的项目和经验，与其他人交流和合作。

树莓派作为机器视觉实验平台具备强大的计算能力、丰富的图像处理库和工具支持、GPIO 接口和扩展性、低成本和便携性以及开源社区支持。这些特点使得树莓派成为理想的选择，无论是初学者还是专业人士，都可以借助树莓派进行各种机器视觉实验和开发项目。

1.3.3.2 主要型号介绍

本节对树莓派系列中的几个主要型号进行介绍，树莓派基金会还发布了其他变体和改进版本。树莓派的真正魅力在于它的灵活性和广泛的用途。它可以作为一个完整的计算机，支持多种编程语言和操作系统，也可以作为控制和嵌入式系统的核心。无论是用于学习编程、构建物联网项目、设置媒体中心还是开展创意项目，树莓派都提供了强大的工具和社区支持。

树莓派 4 Model B 拥有更强大的处理器、更大的内存容量和更多的外设接口。它提供了多个配置选项，包括 2 GB、4 GB 和 8 GB 的 RAM，可适用于复杂的计算任务和需要高性能的应用，图 1-8 为树莓派 4 Model B。

图 1-8　树莓派 4 Model B

- 处理器：树莓派 4 搭载了 1.5 GHz 的四核 ARM Cortex-A72 处理器，性能相比之前的型号有了大幅度的提升。
- 内存：有两个内存选项可供选择，2 GB 和 4 GB LPDDR4 SDRAM。
- 存储：使用 MicroSD 卡作为主要存储介质，可以通过 MicroSD 插槽进行扩展。
- 接口：包含 2 个 USB 3.0 端口、2 个 USB 2.0 端口、双千兆以太网端口、双微型 HDMI 接口、40 个 GPIO 引脚等。
- 网络连接：支持双频 Wi-Fi(2.4 GHz 和 5 GHz) 和蓝牙 5.0。
- 其他特点：支持 4K 视频解码和双显示器输出，配备了千兆以太网，可提供更快的网络连接。

树莓派 3 Model B+ 具有良好的性能和广泛的应用支持。它配备了 1.4 GHz 的四核 ARM Cortex-A53 处理器、1 GB 的 LPDDR2 内存和 802.11ac 无线网络支持，被广泛应用于各种项目和教育活动中，图 1-9 为树莓派 3 Model B+ 结构示意图。

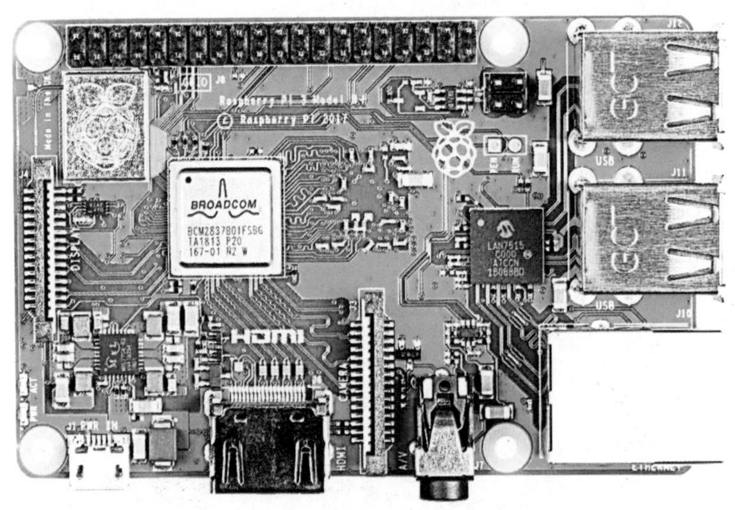

图 1-9　树莓派 3 Model B+

- 处理器：搭载 1.4 GHz 的四核 ARM Cortex-A53 处理器，性能比树莓派 3 Model B 提高了约 15%。
- 内存：1 GB LPDDR2 SDRAM。
- 存储：使用 MicroSD 卡作为主要存储介质。
- 接口：包含 4 个 USB 2.0 端口、千兆以太网端口、全尺寸 HDMI 接口、40 个 GPIO 引脚等。
- 网络连接：支持双频 Wi-Fi(2.4 GHz 和 5 GHz) 和蓝牙 4.2。
- 其他特点：具有视频硬件解码支持，可输出 1080p 视频。

树莓派 Zero W 极度紧凑，尺寸非常小，仅有 65 mm × 30 mm 大小，并搭载了 1 GHz

的单核 ARM11 处理器和 512 MB 的内存。虽然性能较低，但它适合空间受限和成本敏感的项目。图 1-10 为树莓派 Zero W。

- 处理器：搭载 1 GHz 的单核 ARM11 处理器。
- 内存：512 MB LPDDR2 SDRAM。
- 存储：使用 MicroSD 卡作为主要存储介质。
- 接口：包含一个微型 HDMI 接口、一个 MicroUSB OTG 端口、40 个 GPIO 引脚等。
- 网络连接：支持单频 2.4 GHz Wi-Fi 和蓝牙 4.1。
- 其他特点：尺寸非常小，非常适合嵌入式和便携项目。

图 1-10　树莓派 Zero W

第 2 章　实践软件环境

2.1　概述

本章主要介绍实践所涉及的软件环境，将详细介绍 Ubuntu(Linux) 系统，以及所用到的 Python 依赖库 (以 OpenCV-Python 为主)，Windows 系统环境下的实现需要考虑软件版本是否匹配，其余部分与 Ubuntu 系统下操作基本一致。此外，本章还要针对该软件环境下完成本书学习任务过程中的常见问题给出具体解决方案。通过本章的阐述，读者将能够全面了解软件环境的配置使用和常见问题的处理方法。

2.2　Ubuntu Linux

下面将介绍相关理论基础。

2.2.1　诞生和定位

Ubuntu Linux 是基于 Debian Linux 的操作系统，南非企业家马克 • 沙特尔沃思 (Mark Shuttleworth) 于 2004 年 10 月发布了第一个版本 (Ubuntu 4.10)。该系统广泛适用于笔记本电脑、桌面电脑和服务器，尤其为桌面用户提供优质的使用体验。系统内涵盖了文字处理、电子邮件、软件开发工具和 Web 服务等常用应用软件。用户可以免费下载、使用并共享未经修改的原版 Ubuntu 系统，同时也可以通过社区获得技术支持，不需要支付任何许可费用。

Ubuntu 为用户提供了一个强大且功能丰富的计算环境，既适用于家庭使用，也适合商业环境。该发行版社区承诺每 6 个月发布一个新版本，以确保用户能够获得最新和最强大的软件。

Ubuntu 这个词在非洲民族中具有传统意义，也被视为南非共和国的建国准则之一，与非洲复兴的理念紧密相连。这个词源于祖鲁语和科萨语，核心理念强调“人道待人”，强调人际关系中的互敬和交流。南非前总统曼德拉如此诠释 Ubuntu：一个概念，涵盖尊重、互助、分享、交流、关怀、信任、无私多个内涵。在生活方式上，Ubuntu 鼓励宽容和对他人的同情。

Ubuntu 的精神与开源软件的理念紧密契合。作为一个基于 Linux 的操作系统，Ubuntu 试图将这种理念延伸到计算机领域，强调“软件应该共享，为任何需要的人提供。”Ubuntu 的目标是让全球每个人都能获得易于使用的 Linux 版本，无论其地理位置或身体状况如何。在这种精神的指导下，Ubuntu Linux 的承诺如下：

- Ubuntu 对个人使用、组织和企业内部开发使用是免费的，但这种使用没有售后支持；
- Ubuntu 为全球数百个公司提供商业支持；
- Ubuntu 包含由自由软件团体提供的本地化支持；
- Ubuntu 光盘仅仅包含自由软件，鼓励用户使用自由和开源软件，并改进和传播它。

2.2.2　特点

Ubuntu 在桌面办公和服务器上有着不俗的表现，总能够将最新的应用特性纳入其中，主要包含以下几个方面：

- 桌面系统使用最新的 GNOME、KDE、Xfce 等桌面环境组件；
- 集成搜索工具 Tracker，为用户提供方便、智能的桌面资源搜索；
- 抛弃烦琐的 X 桌面配置流程，可以轻松使用图形化界面完成复杂的配置；

- 集成最新的 Compiz 稳定版本，让用户体验酷炫的 3D 桌面；
- “语言选择”提供了常用语言支持的安装功能，让用户可以在系统安装后，方便地安装多语言支持软件包；
- 提供了全套的多媒体应用软件工具，包含处理音频、视频、图形、图像的工具；
- 集成了 LibreOffice 办公套件，帮助用户完成文字处理、电子表格、幻灯片播放等日常办公任务；
- 含有辅助功能，为残障人士提供辅助性服务，例如，为存在弱视力的用户提供屏显键盘，能够支持 Windows NTFS 分区的读 / 写操作，使 Windows 资源完全共享成为可能；
- 支持蓝牙输入设备，如蓝牙鼠标、蓝牙键盘；
- 拥有成熟的网络应用工具，从网络配置工具到 Firefox 网页浏览器、Gaim 即时聊天工具、电子邮件工具、BT 下载工具等；
- 加入更多的打印机驱动，包含对 HP 的一体机 (打印机、扫描仪集成) 的支持；
- 进一步加强系统对笔记本电脑的支持，包含系统热键以及更多型号笔记本电脑的休眠与唤醒功能；
- 与著名的开源软件项目 LTSP 合作，内置了 Linux 终端服务器功能，提供对以瘦客户机作为图形终端的支持，大大提高老式 PC 机的利用率；
- Ubuntu 20.04 LTS 提供对配备指纹识别功能笔记本的支持，可录制指纹和进行登陆认证。

2.3 OpenCV 计算机视觉库

下面介绍 OpenCV 及其主要优势。

2.3.1 简要介绍

OpenCV 是一个基于 Apache License 2.0(开源) 发行的跨平台计算机视觉和机器学

习软件库，可以运行在 Linux、Windows、Android 和 Mac OS 等操作系统上。它轻量且高效，不仅由一系列 C 函数和少量 C++ 类构成，同时提供了 Python、Ruby、MATLAB 等语言的接口，实现了图像处理和计算机视觉方面的很多通用算法。

OpenCV 用 C++ 语言编写，它具有 C ++、Python、Java 和 MATLAB 接口，并支持 Windows、Linux、Android 和 Mac OS，OpenCV 主要倾向于实时视觉应用，并在可用时利用 MMX 和 SSE 指令，如今也提供对于 C#、Ch、Ruby 和 Go 等语言的支持。

2.3.2 OpenCV 的优势

OpenCV 是一种使用较广的开源计算机视觉库，具有许多优势和广泛的应用领域。以下是 OpenCV 的一些优势和常见应用。

- 丰富的功能和算法：OpenCV 提供了丰富的计算机视觉功能和算法，涵盖了图像处理、特征提取、目标检测、目标跟踪、三维重建等领域。它包含各种经典和先进的算法，如滤波器、边缘检测、人脸识别、物体识别等，使开发者能够轻松实现各种计算机视觉任务。
- 跨平台支持：OpenCV 可以在多个操作系统上运行 (包含 Windows、Linux、MacOS 等) 以及多个编程语言 (如 C++、Python、Java 等)。这使得开发者可以选择适合自己的平台和编程语言来使用 OpenCV，提高了开发的灵活性和可移植性。
- 高性能和优化：OpenCV 针对不同硬件平台进行了优化，使用高效的算法和数据结构，以提供高性能的计算机视觉处理。它还利用多线程和并行计算等技术，充分利用多核处理器的能力，加速图像处理和分析的速度。
- 大型社区支持：OpenCV 拥有一个庞大的开源社区，由众多开发者和研究人员组成。这个社区积极贡献代码、文档和示例，提供技术支持和解决方案。开发者可以从社区中获取到丰富的资源和经验，加速开发过程，并且可以参与共同开发和改进 OpenCV。
- 广泛的应用领域：OpenCV 在许多领域都有广泛的应用，包含计算机视觉、图像处理、机器学习、增强现实、自动驾驶、工业自动化等。它有广泛的应用场景，如人脸识别、视频监控、图像分割、医学图像分析等，为各行各业的开发者提供了强大的工具和功能。

总之，OpenCV 具有丰富的功能和算法、跨平台支持、高性能和优化、大型社区支持以及广泛的应用领域。它是计算机视觉领域中最受欢迎和广泛使用的开源库之一，为开发者提供了强大的工具和资源，帮助他们实现各种计算机视觉任务和应用。

2.4 Python 相关依赖库

本章会用到以下 Python 相关依赖库：OpenCV-Python、NumPy、Sys、Argparse。在此将对这几个库做一个总体介绍。

2.4.1 OpenCV-Python

OpenCV-Python 是 OpenCV 库的 Python 语言接口，它允许开发者在 Python 程序中方便地使用 OpenCV 的功能。OpenCV(Open Source Computer Vision Library) 是一个开源的计算机视觉和机器学习软件库，它提供了超过 2500 种优化的算法，包括但不限于图像处理、视频处理、光学字符识别 (OCR)、三维视觉、机器学习等领域的工具。

OpenCV-Python 的主要特点如下。

- 易于使用：通过 Python 的简单语法和强大的库支持，使得计算机视觉任务的实现变得更加容易。
- 广泛的功能：提供了图像和视频分析、特征检测、面部识别、对象检测、图像恢复、相机校准、三维重建等多种计算机视觉功能。
- 高性能：尽管 Python 通常比 C++ 慢，但 OpenCV-Python 通过直接与 C++ 库交互，提供了相对较高的性能。
- 跨平台：支持 Windows、Linux 和 macOS 等多个操作系统。
- 社区支持：拥有活跃的社区和丰富的文档资源，便于解决开发中遇到的问题。

- 开源：遵循 Apache 2.0 许可，允许商业和非商业用途。
- 与 Numpy 的兼容性：OpenCV-Python 与 Numpy 库紧密集成，使得数据处理和操作变得非常高效。
- 模块化：OpenCV-Python 提供了多个模块，每个模块专注于特定的功能集，如核心功能、图像处理、视频分析等。
- 可扩展性：可以通过安装额外的模块（如 opencv-contrib-python）来扩展 OpenCV-Python 的功能。
- 实时处理能力：适用于需要实时图像处理的应用，如视频监控和机器人导航等。

OpenCV-Python 是计算机视觉研究和开发中广泛使用的工具，它使得开发者能够快速实现复杂的视觉算法，并且可以轻松地集成到各种 Python 应用程序中。

在 Python 编程中，cv2 是 OpenCV-Python 的标准化简称。当代码中出现 import cv2，这通常表示该文件将利用 OpenCV 进行计算机视觉任务。

- 官方推荐：OpenCV 的 Python 版本安装后默认以 cv2 命名，因此使用这个别名符合官方的命名规范。
- 社区共识：由于 OpenCV 在计算机视觉领域的流行，cv2 已成为广泛认可的简写形式。
- 代码简洁：相比完整的模块名，cv2 更为简洁，有助于保持代码的清晰度。
- 避免命名冲突：使用 cv2 有助于减少与其他模块或变量命名上的冲突。
- 易于记忆：这个简短的别名便于开发者记忆和使用。
- 符合导入规范：遵循 Python 中模块导入的大小写约定，全小写并用下划线分隔单词，符合 Python 风格。

2.4.2 NumPy

NumPy(Numerical Python) 是一个基于 Python 的科学计算库，提供了高效的多维数组对象和各种用于数组操作的函数。它是数据科学、机器学习、深度学习等领域中最常用的库之一。NumPy 中的核心数据结构是 ndarray(N-dimensional array，多维数组)，它可以表示任意维度的数组，并且支持广播 (broadcasting) 功能，可以进行快速的矩阵和向量运算。NumPy 中的很多函数都是针对 ndarray 对象进行操作的。除了 ndarray，NumPy 还提供了很多常用的数学函数，如三角函数、指数函数、对数函数等。此外，NumPy 还提供了线性代数、随机数生成、傅里叶变换等一些高级功能。

2.4.3 Sys

Sys 是 Python 标准库中的一个模块，它提供了与 Python 解释器和操作系统交互的功能。Sys 模块包含一系列的变量和函数，可以用来获取和设置 Python 解释器的信息、访问命令行参数以及与系统交互等功能。

2.4.4 Argparse

Argparse 是一个用于解析命令行参数和生成用户友好命令行界面的依赖库。它所具有的简单易用和灵活性这些特性使得开发人员能够快速构建交互式的命令行工具，并与其他常用的库如 OpenCV 和 NumPy 等进行集成，实现更复杂的应用程序。Argparse 提供了一种简单而灵活的方式来处理命令行输入，并帮助开发人员构建交互式的命令行工具或脚本。Argparse 的主要功能包括定义命令行参数、解析命令行参数、自动生成命令行界面。Argparse 在处理命令行参数时非常灵活和强大。它支持不同类型的参数，包括字符串、整数、浮点数、布尔值等。还可以定义互斥的选项、子命令和组合参数等复杂的命令行结构。通过 Argparse，开发人员可以轻松地处理命令行输入，并为其他人提供易于使用的命令行工具。

2.5 常见问题和解决方案

下面主要针对基于 Khadas VIM3 开发板的常见问题给出相应的解决方案。

- 初始条件下如何在 Khadas VIM3 开发板安装 Ubuntu 系统？

- 初始条件下如何在 Ubuntu 系统下安装 OpenCV？
- Ubuntu 系统下缺失 python 依赖库，如何下载安装缺失的依赖库？

2.5.1 Khadas VIM3 开发板安装 Ubuntu 系统

下面将从固件下载和烧写软件下载两个方面进行介绍。

2.5.1.1 固件下载

本书采用的操作系统为 Ubuntu 桌面系统，系统安装在开发板上的 EMMC。官方固件下载地址：https://khadas.github.io/linux/zh-cn/firmware/Vim3UbuntuFirmware.html，通过链接，然后在左侧展开 VIM3，选择 Ubuntu，如图 2-1 所示。

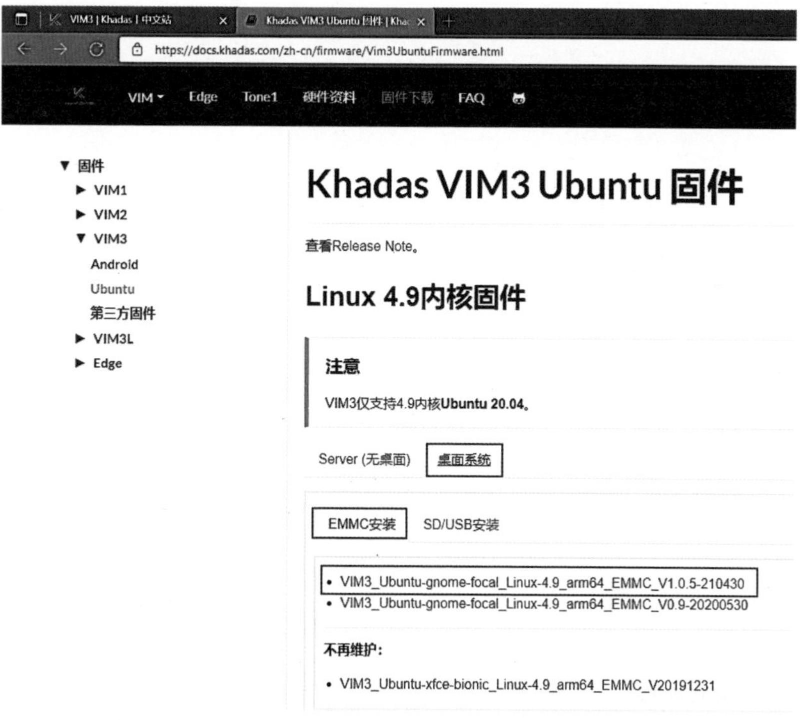

图 2-1 Khadas VIM3 Ubuntu 固件下载界面

2.5.1.2 烧写软件下载

烧写工具下载链接：https://dl.khadas.com/Tools/USB_Burning_Tool_v2.2.0.zip。

(1) 下载好烧写工具后安装打开，将数据线一端接上电脑，另一端接入开发板的 USB-C 端口。

(2) 先按住电源键，再短按一下复位键，约 4 到 5 秒钟后开发板进入烧写模式，此时松开。烧写工具显示已连接上开发板。

(3) 点击烧录工具的“文件”，选择“导入烧录包”，选择刚刚下载的固件文件（固件需要解压），然后默认保持烧录配置，点击“开始”等待烧录完成。

(4) 烧录完成后，点击“停止”，关闭软件，就这样完成系统安装。

2.5.2 Ubuntu 下 OpenCV 的安装

下面将介绍 OpenCV 的安装。

2.5.2.1 从 Ubuntu 源仓库安装 OpenCV

OpenCV 在 Ubuntu 20.04 软件源中可用。要想安装它，运行如下代码即可：

```
sudo apt update
sudo apt install libopencv-dev python3-opencv
```

随后将安装所有必要的软件包来运行 OpenCV。

导入 cv2 模块并且打印 OpenCV 版本来验证安装结果，代码如下：

```
python3 -c "import cv2; print(cv2.__version__)"
```

2.5.2.2 从源码安装 OpenCV

从源码安装 OpenCV 可以让你安装最新可用的版本。它还将针对特定的系统进行优化，并且允许你完整控制所有的构建选项。这是安装 OpenCV 的首选方式。

执行下面几个步骤从源码安装最新的 OpenCV 版本，安装构建工具和所有的依赖软件包：

```
sudo apt install build-essential cmake git pkg-config libgtk-3-dev \
   libavcodec-dev libavformat-dev libswscale-dev libv4l-dev \
   libxvidcore-dev libx264-dev libjpeg-dev libpng-dev libtiff-dev \
   gfortran openexr libatlas-base-dev python3-dev python3-numpy \
   libtbb2 libtbb-dev libdc1394-22-dev libopenexr-dev \
   libgstreamer-plugins-base1.0-dev libgstreamer1.0-dev
```

(1) 克隆所有的 OpenCV 和 OpenCV contrib 源：

```
mkdir ~/opencv_build && cd ~/opencv_build
git clone https://github.com/opencv/opencv.git
git clone https://github.com/opencv/opencv_contrib.git
```

(2) 一旦下载完成，就创建一个临时构建目录，并且切换到这个目录：

```
cd ~/opencv_build/opencv
mkdir -p build && cd build
```

使用 CMake 命令配置 OpenCV build：

```
cmake -D CMAKE_BUILD_TYPE=RELEASE \
   -D CMAKE_INSTALL_PREFIX=/usr/local \
   -D INSTALL_C_EXAMPLES=ON \
   -D INSTALL_PYTHON_EXAMPLES=ON \
   -D OPENCV_GENERATE_PKGCONFIG=ON \
   -D OPENCV_EXTRA_MODULES_PATH=~/opencv_build/opencv_contrib/modules \
   -D BUILD_EXAMPLES=ON ..
```

输出如下：

```
-- Configuring done
-- Generating done
-- Build files have been written to: /home/vagrant/opencv_build/opencv/build
```

(3) 开始编译过程：

```
make -j8
```

根据处理器修改 -f 值。如果不知道自己的处理器有多少个核心，输入 nproc 即可找到。编译会花几分钟或者更多时间，具体依赖于系统配置。

(4) 安装 OpenCV：

```
sudo make install
```

(5) 验证安装结果，输入下面的命令，随后将看到 OpenCV 版本：

```
C++ bindings:
pkg-config --modversion opencv4
Python bindings:
python3 -c "import cv2; print(cv2.__version__)"
```

2.5.3 Ubuntu 下 python 依赖库下载方法

在运行过程中，可能会遇到因为缺失相关 python 库而导致运行失败的情况，如图 2-2 所示。

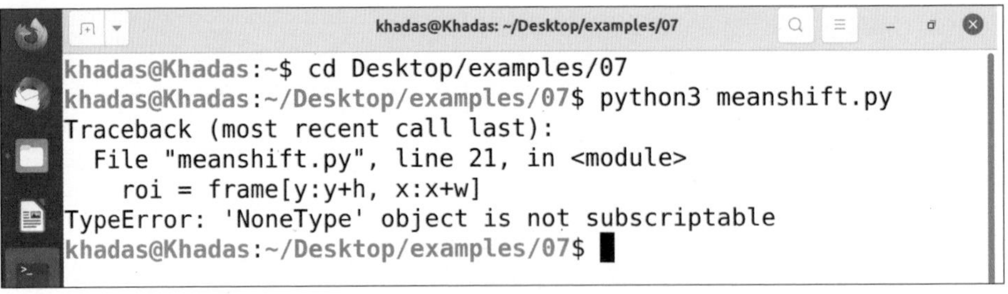

图 2-2　因缺失库而运行报错

此处以安装 opencv-contrib 库为例进行操作讲解(其他库也这样安装),安装过程如下。

(1) 通过右上角图标连接 WiFi。

(2) 安装 pip。

(3) 通过 sudo apt install python3-pip 安装库，如图 2-3 所示。

```
khadas@Khadas:~/Desktop/examples/07$ sudo apt install python3-p
ip
Reading package lists... Done
Building dependency tree
Reading state information... Done
```

图 2-3　安装 pip

(4) 通过 pip install opencv-contrib-python 安装库，如图 2-4 所示。

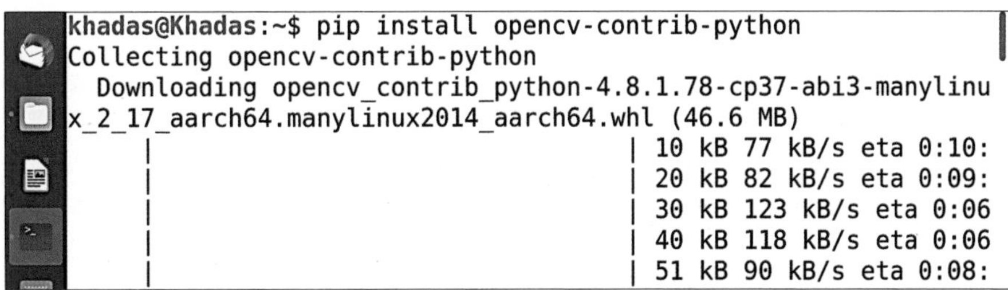

```
khadas@Khadas:~$ pip install opencv-contrib-python
Collecting opencv-contrib-python
  Downloading opencv_contrib_python-4.8.1.78-cp37-abi3-manylinu
x_2_17_aarch64.manylinux2014_aarch64.whl (46.6 MB)
     |                                | 10 kB 77 kB/s eta 0:10:
     |                                | 20 kB 82 kB/s eta 0:09:
     |                                | 30 kB 123 kB/s eta 0:06
     |                                | 40 kB 118 kB/s eta 0:06
     |                                | 51 kB 90 kB/s eta 0:08:
```

图 2-4　安装 opencv-contrib

第Ⅱ部分　图像处理实践

在本部分中，我们将主要聚焦于数字图像处理技术，并结合实践操作来加深对相关理论的理解。具体来说，这一部分将涵盖基础操作、几何变换、图像滤波、边缘检测以及特征提取与匹配五大主题。通过这一系列的学习，读者能够解决图像处理领域的一些常见问题，并实现图像特征的有效提取和分析。

第 3 章　图像的基本操作

3.1　概述

本章主要介绍图像的基本知识，包括像素、图像分类、颜色空间等概念，同时介绍计算机读写图像的基本原理，在计算机中，图像是以矩阵的形式存储，大小由图像的宽度和高度决定，所以对图像的读写实质上是对矩阵的处理。引入开源的计算机视觉库 OpenCV，它是一个功能强大且易于使用的图像处理和分析的软件包，提供了多种编程语言和平台的支持，通过对 OpenCV 提供的算法工具学习，使用 OpenCV 提供的函数来实现对图像的读取、显示和保存。这些操作既是图像处理的基础，也是后续学习更高级的图像分析和应用的前提，因此，本章对这些基本操作的系统学习和实践对后续内容的学习意义重大。

本章末尾给出的实践习题有一定挑战性，学有余力的读者可以挑战一下自己，更深刻地理解这部分的知识。

3.2　图像及基本操作

我们将从两个层面来介绍图像理论基础及其基本操作。

3.2.1 图像

图像作为一种表达信息的媒体，能够包含非常丰富的信息，具有直观性强、易于理解的特点，能够通过色彩、构图等元素传达复杂的含义。科学研究表明，人脑从周围环境获取的信息中，约有 95% 来自视觉。

常见的数字图像类型包括二值图像、灰度图像、彩色图像、多光谱图像、深度图像和矢量图像等，我们以常见的灰度图像和彩色图像为例进行重点介绍。在计算机中，灰度图像是用矩阵来表示的，一个矩阵元素代表灰度图像上的一个点，也即灰度图像的像素。一个像素值代表了对应位置的亮度，这个值的范围通常为 [0,255](无符号 8 位整数)，像素值越大，对应的灰度图像位置也就越亮。图 3-1 中的灰度图像示意图可以帮助你加深理解。

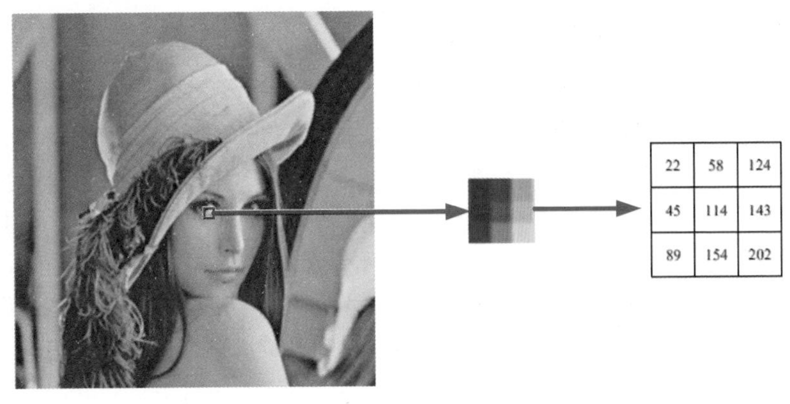

(a) 原图　(b) 图像局部　(c) 局部图像的灰度值

图 3-1　灰度图像示意图

较常见的 RGB 色彩模式利用一个三维数组来表示一幅图像，3 个通道分别代表 R、G、B 三个分量，R 表示红色，G 表示绿色，B 表示蓝色，通过这三种基本颜色就可以合成任意颜色，每个通道的值在 0 到 255 之间，颜色的强度 (即每个通道的值) 表示了人眼对颜色的感知程度，每个像素的颜色由三个通道的值组合而成。需要特别指出的是，OpenCV 是按 BGR 的顺序读取图像的，而不是 RGB 顺序，感兴趣的同学可以进一步探究。同样的，图 3-2 中的 RGB 图像示意图可以帮助你加深理解。

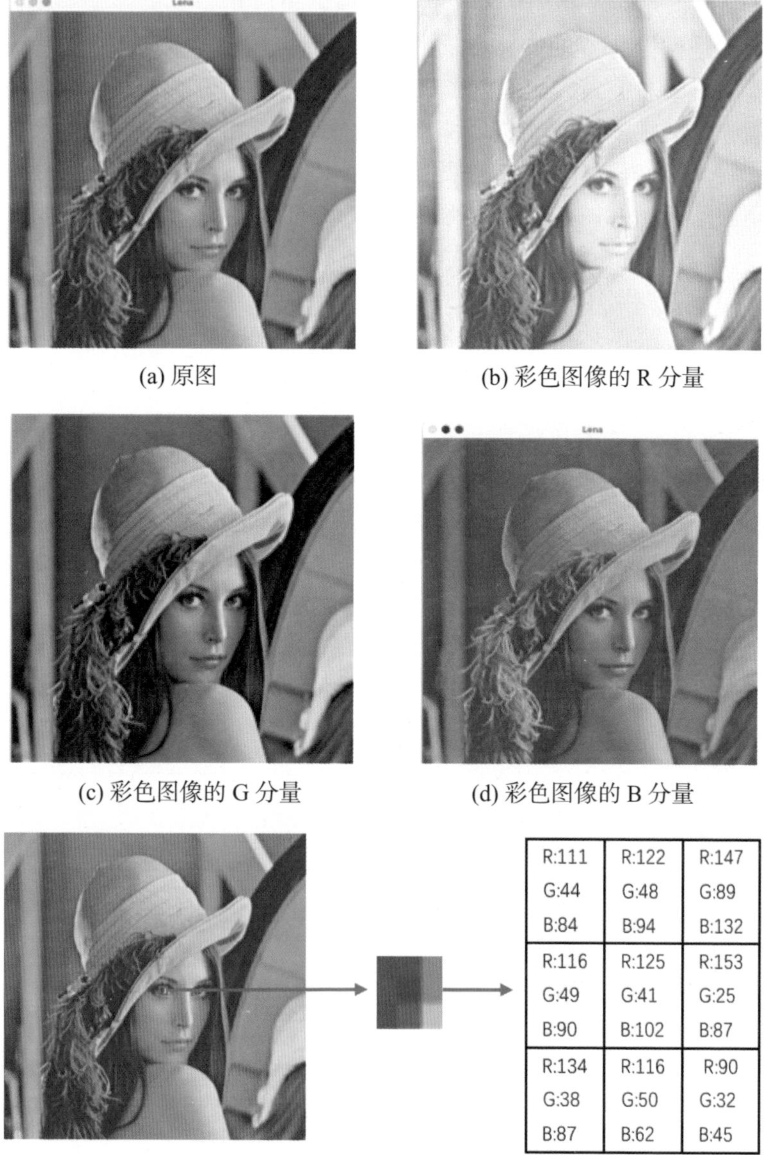

(a) 原图　(b) 彩色图像的 R 分量

(c) 彩色图像的 G 分量　(d) 彩色图像的 B 分量

R:111 G:44 B:84	R:122 G:48 B:94	R:147 G:89 B:132
R:116 G:49 B:90	R:125 G:41 B:102	R:153 G:25 B:87
R:134 G:38 B:87	R:116 G:50 B:62	R:90 G:32 B:45

(e) 原图　(f) 图像局部　(g) 局部图像的 RGB 值

图 3-2　RGB 图像

图像数值是指图像中每个像素的灰度或颜色值，可以用矩阵来表示。在计算机内存中，这个矩阵是按照一定的顺序存储的，通常是从左到右，从上到下，也就是说，第一个元素是图像左上角的像素值，最后一个元素是图像右下角的像素值。这种存储方式也意味着图像的左上角是坐标系的原点，x 轴和 y 轴分别沿着水平和垂直方向延伸。当然，也有一些图像格式采用从左到右，从下到上的存储顺序，这时候图像的左下角就是坐标系的原点，x 轴和 y 轴的方向不变。对于彩色图像，每个矩阵元素有 R(红色)、G(绿色) 和 B(蓝色) 三个分量 (三个通道)。矩阵元素在计算机中的存储顺序与灰度图像相同，同时每个元素的分量按照 BGR(以 OpenCV 为例) 的顺序进行存放。图 3-3 和图 3-4 分别表示了灰度图像和 RGB 图像在计算机中的存储示意图。

视频是由一系列的图像组成的，每个图像称为一帧，如常见的 30 帧视频就是表示在一秒钟内展现 30 张图片，视频的播放是通过快速切换不同的帧来实现的，给人一种连续的视觉效果。当然，这样的理解并不完全准确，因为我们平时接触到的视频都会进行压缩和解码以及音频信息同步等一系列操作，并不能单纯理解为图片的叠加，但对初学者理解本书并无影响，故在此不作展开。

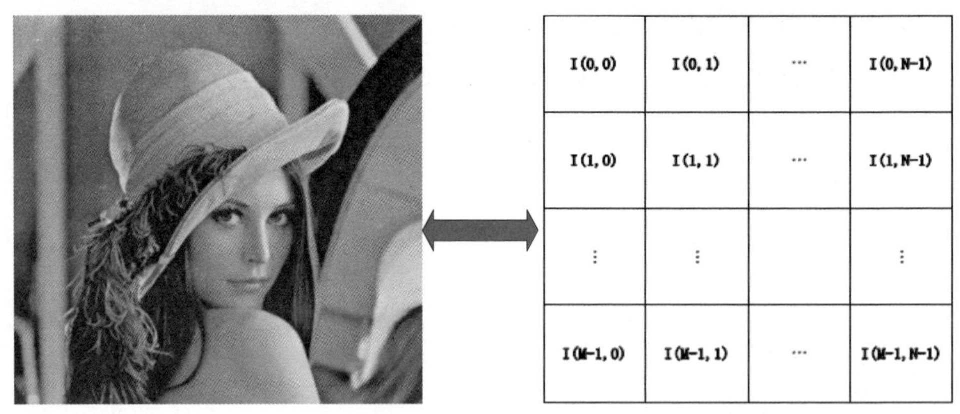

图 3-3　灰度图像存储

{B(0, 0)	G(0, 0)	R(0, 0)}	{B(0, 1)	G(0, 1)	R(0, 1)}	…	{B(0, N-1)	G(0, N-1)	R(0, N-1)}
{B(1, 0)	G(1, 0)	R(1, 0)}	{B(1, 1)	G(1, 1)	R(1, 1)}	…	{B(1, N-1)	G(1, N-1)	R(1, N-1)}
⋮	⋮	⋮	⋮	⋮	⋮		⋮	⋮	⋮
{B(M-1, 0)	G(M-1, 0)	R(M-1, 0)}	{B(M-1, 1)	G(M-1, 1)	R(M-1, 1)}	…	{B(M-1, N-1)	G(M-1, N-1)	R(M-1, N-1)}

图 3-4　RGB 图像存储

3.2.2　OpenCV 中的图像基本操作函数

OpenCV 本身提供了 cv2.imread(), cv2.imwrite() 和 cv2.imshow() 来处理图像文件的读取、写入和显示。我们可以在自己的代码中利用 OpenCV 提供的这些库函数来实现所需的功能。

(1) cv2.imread 函数是 OpenCV 库中的一个函数，用于从文件中读取图像。这里的 cv2 指的是 OpenCV，由一系列 C 函数和少量 C++ 构成，在安装这个库的时候，名称为 OpenCV Python，但在导入库的时候要写作 import cv2。

```
retval = cv2.imread(filename, flag)
```

- retval：读取的图像数据。
- filename：读取文件的路径。
- flag：可选参数有很多，表示读取图像的模式。例如，-1 表示以 RGB 模式读取，0 表示以灰度模式读取，1(默认) 表示以 BGR 模式读取。函数返回一个 numpy 数组，表示图像的像素值。
- flag 扩展
  - cv2.IMREAD_REDUCED_GRAYSCALE_2：将原图转为单通道灰度图，并且尺寸缩小为原始的 1/2。
  - cv2.IMREAD_REDUCED_COLOR_2：将原图转为三通道的 BGR 图像，并且尺寸缩小为原始的 1/2。
  - cv2.IMREAD_REDUCED_COLOR_4：将原图转为三通道的 BGR 图像，并且尺寸缩小为原始的 1/4。
  - cv2.IMREAD_REDUCED_COLOR_8：将原图转为三通道的 BGR 图像，并且尺寸缩小为原始的 1/8。

(2) cv2.imwrite 函数是 OpenCV 库中的一个函数，用于将图像保存到文件中。示例如下。

```
cv2.imwrite(filename,image)
```

- filename：参数是保存文件的路径。
- image：参数是一个 numpy 数组，表示图像的像素值。函数返回一个布尔值，表示保存是否成功。

(3) cv2.imshow 函数是 OpenCV 库中的一个函数，用于在窗口中显示图像。示例见 3.3.2 节的代码实现部分。

```
cv2.imshow(window_name,image)
```

- window_name：参数是窗口的名称。
- image：参数是一个 numpy 数组，表示图像的像素值。函数没有返回值。要显示图像，还需要使用 cv2.waitKey 函数来等待用户按键，并使用 cv2.destroyAllWindows 函数来关闭窗口。

(4) cv2.waitKey 函数是 OpenCV 库中的一个函数，用于等待用户按键。示例见 3.3.2 节的代码实现部分。

```
cv2.waitKey(delay)
```

delay 参数是等待时间，以毫秒为单位。如果参数为正数，函数会在指定的时间内等待任意键的输入。如果参数为 0 或负数，函数会无限期地等待键盘输入。函数返回按下的键的编码，如果没有按键，则返回 -1。

(5) cv2.VideoCapture 是 OpenCV 中的一个类，用于从视频文件、图像序列或摄像头捕获视频。可以使用 cv2.VideoCapture 的构造函数来指定要打开的视频源，例如：

- cv2.VideoCapture(0)：表示打开笔记本的内置摄像头。
- cv2.VideoCapture("../test.avi")：表示打开指定路径下的视频文件。

可以使用 cv2.VideoCapture 的 read 方法来按帧读取视频，返回一个布尔值和一个图像对象。

```
retval, image = cv2.VideoCapture.read()
```

- retval：布尔值，获取到视频帧为 True，否则为 False。
- image：获取到的视频帧。如果未读取到视频帧则为空。

(6) cv2.VideoWriter 类用于创建视频文件。示例见 3.3.4 节的代码实现部分，与读视频不同的是，需要在创建视频时设置一系列参数，包括视频文件名、编码解码格式、帧率、视频宽度和高度等。

```
cv2.VideoWriter(filename, fourcc, fps, framesize[, iscolor])
```

- filename ：要创建的视频文件名。

- fourcc：以 4 个字符表示视频压缩的编解码器。
- fps：视频帧率。
- framesize：视频的尺寸。
- iscolor：如果非 0 编码器将按彩色帧进行编码，否则按灰度帧进行编码。

3.3 图像基本操作示例

示例如下。

3.3.1 实验准备

本章实践所使用的硬件和软件环境请参照第 I 部分实践环境部分进行配置。

3.3.2 图像读写实例

本实验所需文件：image_readwrite.py

本实验依赖库：OpenCV-Python (即 cv2)

3.3.2.1 代码实现

代码实现如下。

```
#!/usr/bin/env python3
# encoding:utf-8
import cv2 as cv                              # 导入 opencv 库以调用图像处理的函数
def main():
   # 读取图像
   im = cv.imread("lena.jpg")
   # 读取图像，同时转换为灰度图
   im_gray = cv.imread("lena.jpg", cv.IMREAD_GRAYSCALE)
   # 读取图像，同时将图像大小缩小为原始大小的 1/2
   im_small = cv.imread("lena.jpg", cv.IMREAD_REDUCED_COLOR_2)
```

```
        # 将上面缩小的图像写入文件
        cv.imwrite("lena_small.jpg", im_small)
        # 显示图像
        cv.imshow("Lena", im)
        cv.imshow("Lena_Gray", im_gray)
        cv.imshow("Lena_small", im_small)
        cv.waitKey()
        cv.destroyAllWindows()
    if __name__ == '__main__':
        main()
```

3.3.2.2 运行示例

我们可以按照下面的步骤进行实践。

(1) 首先按照第 I 部分要求进行硬件和软件环境配置，如果环境已经配置，本步可以跳过。

(2) 通过 cd 指令进入到存放有 image_readwrite.py 的文件目录下 (假定文件按照第 I 部分的路径组织)，该文件目录处于 Ubuntu 系统的桌面中的 examples 母文件夹中的子文件夹 01，如图 3-5 所示。实际操作中读者可根据具体文件所在位置进入对应的路径下。

图 3-5　进入指定路径

(3) 使用 python3 命令运行 image_readwrite.py 文件，如图 3-6 所示。

```
khadas@Khadas: ~/Desktop/examples/01
khadas@Khadas:~$ cd Desktop
khadas@Khadas:~/Desktop$ cd examples
khadas@Khadas:~/Desktop/examples$ cd 01
khadas@Khadas:~/Desktop/examples/01$ python3 image_readwrite.py
```

图 3-6　运行相应文件

(4) 实验结果。

在 image_readwrite.py 代码中，通过 OpenCV 提供的库函数 cv2.imread("lena.jpg") 来读取名为“lena.jpg”的图片，并通过库函数 cv2.imshow("Lena", im) 来进行显示，结果如图 3-7 图 (a) 所示。通过 3.2.2 节对 cv2.imread 函数的介绍，可以通过更改函数中的 flag 参数来实现对图片的不同读取，例如 cv2.imread("lena.jpg", cv2.IMREAD_GRAYSCALE) 可以将原图片转换为灰度图，结果如图 3-7(b) 所示；cv2.imread("lena.jpg", cv2.IMREAD_REDUCED_COLOR_2) 可以读入图像，同时将图像大小缩小为原始大小的 1/2，读写进行结果如图 3-7(c) 所示。在介绍 cv2.imread 库函数时，我们介绍了 flag 参数的常用扩展，感兴趣的读者可以自行体验图像在不同参数下的显示结果。

(a) RGB 图

(b) 灰度图

(c) 1/2 RGB 图

图 3-7　图像读写运行结果

3.3.3　视频读取实例

本实验所需文件：video_read.py

本实验依赖库：OpenCV-Python (即 cv2) 和 Sys

3.3.3.1 代码实现

代码实现如下。

```
#!/usr/bin/env python3
# encoding:utf-8
import sys
import cv2 as cv                    # 导入 opencv 库以调用图像处理的函数
def main():
   # 打开第一个摄像头
   cap = cv.VideoCapture(0)
   # 打开视频文件
   #cap = cv.VideoCapture("vtest.avi")
   # 检查是否打开成功
   if cap.isOpened() == False:
      print('Error opening the video source.')
      sys.exit()
   while True:
      # 读取一帧视频，存放到 im
      ret, im = cap.read()
      if not ret:
         print('No image read.')
         break
      # 显示视频帧
      cv.imshow('Live', im)
      # 等待 30 毫秒，如果有按键则退出循环
      if cv.waitKey(30) >= 0:
         break
   # 销毁窗口
   cv.destroyAllWindows()
   # 释放 cap
   cap.release()
if __name__ == '__main__':
      main()
      print('--(!)Error opening video capture')
      exit(0)
```

3.3.3.2 运行示例

在 3.3.2.1 节的基础上，可以直接执行下面的操作步骤。如果设备断电关机，则需要参考 3.3.2 节中实验运行示例部分的操作。

我们可以按照下面的步骤进行实践。

(1) 首先按照第 I 部分要求进行硬件和软件环境配置，如果环境已经配置，本步可以跳过。

(2) 通过 cd 指令进入到存放有 video_read.py，的文件目录下 (假定文件按照第 I 部分的路径组织)，该文件目录处于 Ubuntu 系统的桌面中的 examples 母文件夹中的子文件夹 01，如图 3-8 所示。实际操作中，可根据具体文件所在位置进入对应的路径下)。

图 3-8　进入指定路径

(3) 使用 python3 命令运行 video_read.py 文件，如图 3-9 所示。

图 3-9　运行相应文件

(4) 实验结果。

我们通过 OpenCV 的库函数 cv2.VideoCapture(0) 来调用设备机械臂上的摄像头，通过 ret, im = cap.read() 来获取摄像头读取的数据，通过 OpenCV 的延时函数 cv2.waitKey(30) 来使每一帧图片显示 30 毫秒，我们就实现了对于视频的读取和显示。结果如图 3-10 所示，当图像显示窗口激活时，按任意键退出程序。

图 3-10　视频读取示例运行结果

3.3.4　视频文件创建实例

本实验所需文件：video_write.py

本实验依赖库：OpenCX-Python(即 cv2)、Sys 和 NumPy

3.3.4.1　代码实现

代码实现如下。

```
#!/usr/bin/env python3
# encoding:utf-8
import sys
import numpy as np
import cv2 as cv
def main():
    # 设置视频的宽度和高度
    frame_size = (320, 240)
    # 设置帧率
    fps = 25
```

```
    # 视频编解码格式
    fourcc = cv.VideoWriter_fourcc('M','J','P','G')
    # 创建 writer
    writer = cv.VideoWriter("myvideo.avi", fourcc, fps, frame_size)
    # 检查是否创建成功
    if writer.isOpened() == False:
        print("Error creating video writer.")
        sys.exit()
    for i in range(0, 100):
        # 设置视频帧画面
        im = np.zeros((frame_size[1], frame_size[0], 3), dtype=np.uint8)
        # 将数字绘制到画面上
        cv.putText(im,str(i),(int(frame_size[0]/3),int(frame_size[1]*2/3)), cv.FONT_
HERSHEY_SIMPLEX, 3.0, (255, 255, 255), 3)
        # 保存视频帧到文件 "myvideo.avi"
        writer.write(im)
    # 释放 writer
    writer.release()
if __name__ == '__main__':
    main()
```

3.3.4.2 运行示例

在前面实验的基础上，我们可以直接进行下面的操作步骤。如果设备断电关机，则需要参考 3.3.2 节中实验运行示例部分进行操作。

我们可以按照下面的步骤进行实践。

(1) 首先按照第 I 部分要求进行硬件和软件环境配置，如果环境已经配置，本步可以跳过。

(2) 通过 cd 指令进入到存放有 video_write.py，的文件目录下 (假定文件按照第 I 部分的路径组织)，该文件目录处于 Ubuntu 系统的桌面中的 examples 母文件夹中的子文件夹 01, 如图 3-11 所示。实际操作中读者可根据具体文件所在位置进入对应的路径下)。

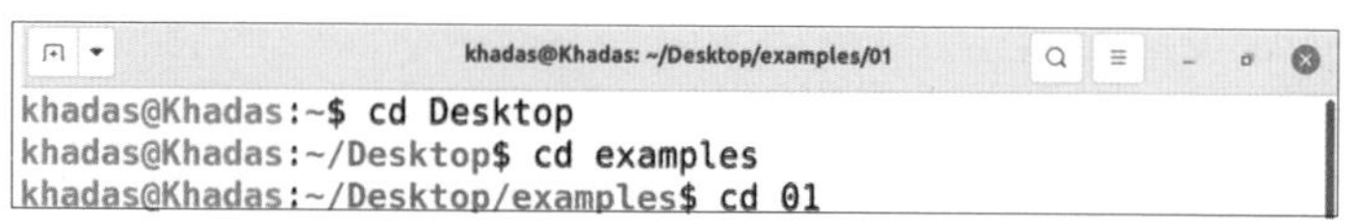

图 3-11　进入指定路径

(3) 使用 python3 命令运行 video_write.py 文件，如图 3-12 所示。

图 3-12　运行相应文件

(4) 实验结果。

我们通过 frame_size = (320, 240) 来设置视频的宽度和高度，通过 fps = 25 来设置帧率，通过 fourcc = cv.VideoWriter_fourcc('M','J','P','G') 来设置视频编解码格式，writer = cv.VideoWriter("myvideo.avi", fourcc, fps, frame_size) 的第一个参数为创建的视频名称（可以修改），通过 for i in range(0, 100) 来定义视频的总帧数（也可以理解为时长），视频画面为 im=np.zeros((frame_size[1],frame_size[0],3),dtype=np.uint8)，cv.putText(im,str(i),(int(frame_size[0]/3),int(frame_size[1]*2/3)) 是将数字绘制到画面上，最终创建了一个名为 myvideo.avi 的文件。结果如图 3-13 所示。

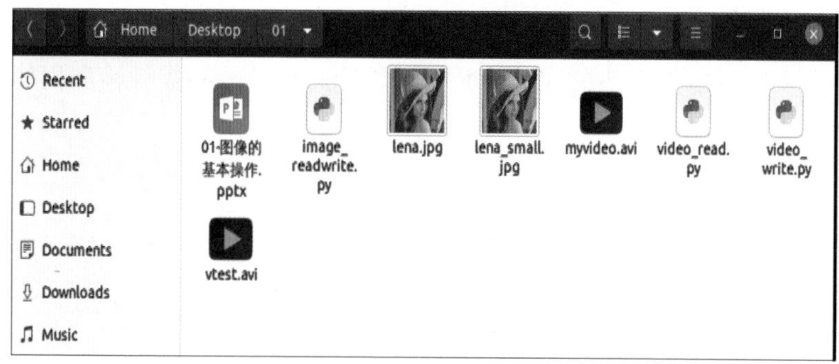

图 3-13　视频文件创建示例

3.4 小结

在本章中,我们从最基础的图像处理入手,开始介绍OpenCV库提供的图像操作功能。首先学习了读取和保存图像文件，这是图像处理的基础，任何处理都必须建立在读取图像的基础上。然后学习了显示图像的功能，这能够帮助我们进行调试和观察图像内容。

除了静态图像外，还介绍了如何读取视频文件以及调用计算机的摄像头实时获取图像流。这为处理动态图像如视频提供了支持。所有这些基本操作构成了我们利用OpenCV库进行图像处理的基础框架。通过掌握这些内容，我们可以利用OpenCV丰富的函数库和数据结构，进行更复杂的图像检测、识别和理解等任务。

这些内容为我们构建更复杂的图像处理算法和应用奠定了基础，理解和掌握这些内容有助于你更深入地探索图像处理的各个方面，并应用于更广泛的图像处理任务和应用领域。

3.5 实践习题

(1) 用OpenCV提供的函数实现图片的不同读入方法，并理解其实现方式。可参考3.2.2节中的“flag扩展”部分。

(2) 体验视频读取参数对显示结果的影响。

(3) 请用OpenCV读取摄像头的视频流并显示，同时保存一帧视频帧和视频流。

第4章 图像的几何变换

4.1 概述

图像的几何变换是一种图像处理技术，它的目的是改变图像中物体的位置、形状和大小，以适应不同的应用场景。图像的几何变换通过将原始图像中的每个像素点按照一定的数学规则映射到新的坐标位置，从而生成一幅新的图像。在这个过程中，图像中的像素值不会发生变化，只是它们所处的空间位置发生了变化。常见的几何变换有很多种，例如平移、旋转、缩放、翻转、错切等。在本章，仍然是通过OpenCV提供的函数来实现一系列的图像几何变换操作。

在本章末尾给出有一定挑战性的实践习题，希望学有余力的读者可以挑战一下自己，可以使读者更深刻地理解这一部分的知识。

4.2 图像几何变换基础

下面要介绍相关理论基础。

4.2.1 几何变换

图像的几何变换是指将一幅图像中的坐标映射到另外一幅图像中的新坐标位置，它不改变图像的像素值，只是改变像素所在的几何位置，使原始图像按照需要产生位置、形状和大小的变化。常见的几何变换包括平移、旋转、缩放、翻转、错切等。平移是将图像沿着水平或垂直方向移动一定的距离；旋转是将图像绕着某个点或某个轴旋转一定的角度；缩放是将图像放大或缩小一定的比例；翻转是将图像沿着水平或垂直方向反转；错切是将图像沿着水平或垂直方向拉伸或压缩。

4.2.2　几何变换原理

图像几何变换是建立在矩阵运算基础上的，通过矩阵运算可以很快找到对应关系。

4.2.2.1 平移

将图像沿着水平或垂直方向移动一定的距离，不改变图像的大小和形状。假设变换前的坐标为 (x, y)，变换后的坐标为 (u, v)，则有 $u = x + \Delta x$, $v = y + \Delta y$，写成矩阵形式为：

$$\begin{bmatrix} u \\ v \\ 1 \end{bmatrix} = \begin{bmatrix} 1 & 0 & \Delta x \\ 0 & 1 & \Delta y \\ 0 & 0 & 1 \end{bmatrix} \begin{bmatrix} x \\ y \\ 1 \end{bmatrix} \tag{4-1}$$

4.2.2.2　旋转

图像的几何变换中的旋转是指将图像绕图像中心顺时针或逆时针旋转一定角度。设初始坐标为 (x, y) 的点经过旋转后坐标变为 (u, v)，其中 $u = x\cos\theta - y\sin\theta$，$v = x\sin\theta + y\cos\theta$。写成矩阵形式为：

$$\begin{bmatrix} u \\ v \\ 1 \end{bmatrix} = \begin{bmatrix} \cos\theta & -\sin\theta & 0 \\ \sin\theta & \cos\theta & 0 \\ 0 & 0 & 1 \end{bmatrix} \begin{bmatrix} x \\ y \\ 1 \end{bmatrix} \tag{4-2}$$

4.2.2.3　缩放

缩放变换是几何变换中的一种，它是一种将图像沿着坐标轴方向进行放大或缩小的变换，即将图形中每个点的坐标分别乘以一个比例因子，从而得到新的图形。设初始坐标为 (x, y) 的点经过缩放后坐标变为 (u, v)，其中 $u = \sigma_x * x$，$v = \sigma_y * y$。写成矩阵形式为：

$$\begin{bmatrix} u \\ v \\ 1 \end{bmatrix} = \begin{bmatrix} \sigma_x & 0 & 0 \\ 0 & \sigma_y & 0 \\ 0 & 0 & 1 \end{bmatrix} \begin{bmatrix} x \\ y \\ 1 \end{bmatrix} \tag{4-3}$$

4.2.2.4 翻转

在几何变换中，翻转是一种基本的变换之一，它可以分为水平翻转和垂直翻转两种类型。水平翻转是指将物体从左向右或从右向左旋转 180 度，垂直翻转是指将物体从上向下或从下向上旋转 180 度。以水平翻转为例，设初始坐标为 (x, y) 的点经过水平翻转后的坐标变为 (u, v)，则有 $u = -x$，$v = y$，写成矩阵形式为：

$$\begin{bmatrix} u \\ v \\ 1 \end{bmatrix} = \begin{bmatrix} -1 & 0 & 0 \\ 0 & 1 & 0 \\ 0 & 0 & 1 \end{bmatrix} \begin{bmatrix} x \\ y \\ 1 \end{bmatrix} \tag{4-4}$$

4.2.2.5 错切

错切是一种几何变换，它可以将一个二维图像沿着某个方向平移一定的距离，同时使该图像在与平移方向垂直的方向上产生拉伸或压缩。以横向错切为例，设初始坐标为 (x, y) 的点经过水平翻转后的坐标变为 (u, v)，则有 $u = x + s_x * y$，$v = y$，写成矩阵形式为：

$$\begin{bmatrix} u \\ v \\ 1 \end{bmatrix} = \begin{bmatrix} 1 & s_x & 0 \\ 0 & 1 & 0 \\ 0 & 0 & 1 \end{bmatrix} \begin{bmatrix} x \\ y \\ 1 \end{bmatrix} \tag{4-5}$$

4.2.3 插值原理

在图像进行各种几何变换时，目标图像中每个像素颜色值需要从原始图像中找到相应的像素颜色值进行填充，即对于目标图像的像素要找到其在原始图像的像素进行填充。但在实际矩阵变换过程中，映射过来的坐标值不一定是整数，那么此时使用原始图像像素填充，需要有不同的处理算法。

在图像几何变换的过程中，常用的插值方法有最近邻插值、双线性内插值和三次卷积法插值。

4.2.3.1 最近邻插值

这是一种最为简单的插值方法，在图像中最小的单位就是单个像素，但是在旋转缩放的过程中如果出现了小数，那么就对这个浮点坐标进行简单的取整，得到一个整数型坐标，这个整数型坐标对应的像素值就是目标像素的像素值。取整的方式是指取浮点坐标最近邻的左上角的整数点。

4.2.3.2 双线性内插值

对于一个目的像素，设置坐标通过反向变换得到的实数标为 $(i+u, j+v)$，其中 i、j 均为非负整数，u、v 为 $[0,1)$ 区间的浮点数，则这个像素的值 $f(i+u, j+v)$ 可由原图像中坐标为 (i, j)、$(i+1, j)$、$(i, j+1)$、$(i+1, j+1)$ 所对应的周围四个像素的值决定。图 4-1 的双线性内插值原理图可以帮助你更好地理解。

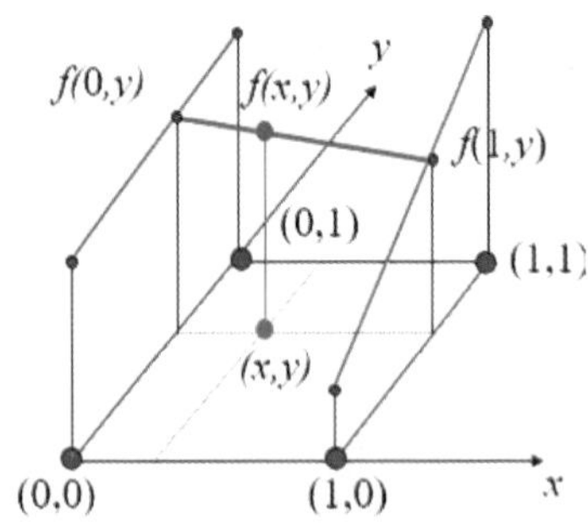

图 4-1　双线性内插值原理图

公式表示如下：

$$f(0, y)=f(0, 0)+y\,[f(0, 1)-f(0, 0)] \tag{4-6}$$

$$f(1, y)=f(1, 0)+y\,[f(1, 1)-f(1, 0)] \tag{4-7}$$

$$f(x, y)=f(0, y)+x\,[f(0, y)-f(0, y)] \tag{4-8}$$

4.2.3.3 三次卷积插值

三次卷积插值可以用于二维图像中的插值。在二维情况下，需要在每个方向上取 3 个离散数据点进行卷积运算，即可得到该点的插值。

具体而言，假设需要在二维平面上对一个位置为 (x, y) 的离散数据进行插值，那么可以从该位置的周围取出 3×3 的像素块，共取出 9 个离散数据点。然后，对于该点进行水平方向和垂直方向上的三次卷积运算，即可计算出该点的插值。表 4-1 显示近邻插值法、双线性插值法和三次卷积法的优劣对比。

表 4-1 几种插值法优劣对比

插值方法	优点	缺点
最近邻插值法	算法简单，计算速度快	插值效果差，容易出现锯齿状的伪像和失真
双线性内插值法	比近邻插值法更精确，能够抑制锯齿状伪像和失真	计算复杂度较高，需要处理边界插值问题
三次卷积插值法	插值效果较好，能够较好地处理锐利边缘和细节	计算复杂度相对较高，需要处理边界插值问题

注意，不同的插值方法在不同的应用场景下都有其优缺点。因此，在选择插值方法时需要综合考虑应用场景和需要达到的效果。

4.2.4 OpenCV 中的几何变换函数

下面我们提供了 OpenCV 中的常用的几何变换函数。

(1) cv2.warpAffine 是 OpenCV 库中的一个函数，用于对图像进行仿射变换。

```
cv2.warpAffine(src, M, dsize, dst, flags, borderMode, borderValue)
```

- src：表示输入图像。
- M：表示变换矩阵。可以通过改变 M 的值来实现我们所需的一系列几何变换。
- dsize：表示输出图像的大小，二元元组 (width, height)。
- dst：表示变换操作的输出图像，可选项。
- flags：表示插值方法，整型 (int)，可选项。
- borderMode：表示边界像素方法，整型 (int)，可选项，默认值为 cv.BORDER_REFLECT。
- borderValue：表示边界填充值，可选项，默认值为 0(黑色填充)。

(2) cv2.resize 是 OpenCV 库中的一个函数，用于调整图像的大小。

```
cv2.resize(src, dst, dsize, fx=0, fy=0, interpolation=INTER_LINEAR )
```

- src：输入，原图，即待改变大小的图像。
- dst：输出，改变后的图像。
- dsize：输出图像的大小。
- fx：width 方向的缩放比例。
- fy：height 方向的缩放比例。
- interpolation：指定插值。
- 扩展：OpenCV 提供的插值方式。
  - INTER_NN：最近邻插值。
  - INTER_LINEAR：双线性插值。
  - INTER_CUBIC：双三次插值。
  - INTER_AREA：区域插值。
  - INTER_LANCZOS4：兰索斯插值。

(3) cv2. flip 是 OpenCV 库中的一个函数，用于翻转图像。

```
cv2.flip(src,dst,flipcode)
```

- src：输入，原图，即待翻转的图像。
- dst：输出，改变后的图像。
- flipcode ：1，表示水平翻转；0，表示垂直翻转；-1，水平垂直翻转。

(4) cv2.getRotationMatrix2D 是 OpenCV 库中的一个函数，用于获取旋转矩阵。

```
M= cv2.getRotationMatrix2D(corner,angle,scale)
```

- M：表示变换矩阵。
- corner：表示旋转中心。
- angle：旋转角度 (逆时针)。
- scale ：旋转后的缩放因子。

(5) cv2.getAffineTransform 是 OpenCV 库中的一个函数，用于获取仿射变换矩阵。。

```
M=cv2.getAffineTransform(pts1, pts2)
```

- M：表示变换矩阵。
- pts1：原图中三个点的坐标。
- pts2：原图中三个点在变换后相应的坐标。

4.3 几何变换示例

几何变换示例如下。

4.3.1 实验准备

本章的实践所使用的硬件和软件环境请参照第 1 部分实 践环境部分进行配置。

4.3.2 常用几何变换实例

本实验所需文件：image_transforms.py

本实验依赖库：OpenCV-Python (即 cv2) 和 NumPy

4.3.2.1 代码实现

代码实现如下。

```
#!/usr/bin/env python3
# encoding:utf-8
import cv2 as cv
import numpy as np
def main():
    # 读取图像
    im = cv.imread('lena.jpg')
    cv.imshow('lena.jpg', im)
    # 缩放图像
    dim = (int(im.shape[1]*1.3), int(im.shape[0]*1.3))
    im_rs_nr = cv.resize(im, dim, interpolation=cv.INTER_NEAREST)
    im_rs_ln = cv.resize(im, dim, interpolation=cv.INTER_LINEAR)
    im_rs_cb = cv.resize(im, dim, interpolation=cv.INTER_CUBIC)
    im_rs_lz = cv.resize(im, dim, interpolation=cv.INTER_LANCZOS4)
    cv.imshow('lena_rs_nr.jpg', im_rs_nr)
    cv.imshow('lena_rs_ln.jpg', im_rs_ln)
    cv.imshow('lena_rs_cb.jpg', im_rs_cb)
    cv.imshow('lena_rs_lz.jpg', im_rs_lz)
    # 沿 y 轴翻转图像（水平翻转）
    im_flip = cv.flip(im, 1)
    cv.imshow('lena_flip.jpg', im_flip)
    # 以图像中心为旋转点旋转图像
```

```
    h, w = im.shape[:2]
    M = cv.getRotationMatrix2D((w/2, h/2), 45, 1)
    im_rt = cv.warpAffine(im, M, (w, h))
    cv.imshow('lena_rt.jpg', im_rt)
    # 沿 x 轴负方向移动 100 个像素
    x = -100
    y = 0
    M = np.float32([[1, 0, x],[0, 1, y]])
    im_trans = cv.warpAffine(im, M, (w, h))
    cv.imshow('lena_trans.jpg', im_trans)
    cv.waitKey()
    cv.destroyAllWindows()
if __name__ == '__main__':
    main()
```

4.3.2.2 运行示例

我们可以按照下面的步骤进行实践。

(1) 首先按照第 I 部分要求进行硬件和软件环境配置，如果环境已经配置，本步可以跳过。

(2) 通过 cd 指令进入到存放有 image_transformer.py, 的文件目录下 (假定文件按照第 I 部分的路径组织)，该文件目录处于 Ubuntu 系统的桌面中的 examples 母文件夹中的子文件夹 02, 如图 4-2 所示。实际操作中读者可根据具体文件所在位置进入对应的路径下)。

图 4-2　进入指定路径

(3) 使用 python3 命令运行 image_transforms.py 文件，如图 4-3 所示。

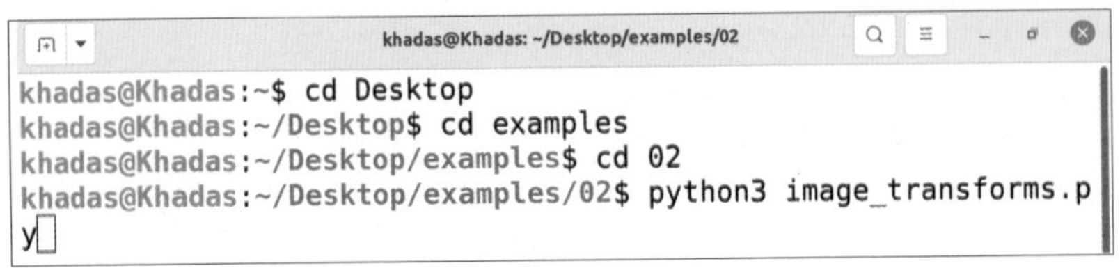

图 4-3　运行相应文件

(4) 实验结果。

在 image_transforms.py 代码里，通过 x =–100，y = 0，M = np.float32([[1, 0, x],[0, 1, y]]) 来对 M 进行赋值，再通过 OpenCV 的库函数 cv.warpAffine(im, M, (w, h)) 来实现平移这一几何变换，结果如图 4.4(b) 所示，当然，我们可以修改 M 的值来实现我们所需的几何变换，具体知识请参考 4.2.2 节，例如令 x = 100，y = –100 时，我们得到结果 4.4(c)。

通过 OpenCV 的库函数 M = cv.getRotationMatrix2D((w/2, h/2), 45, 1) 来得到以 (w/2, h/2) 为变换中心，逆时针旋转 45° 的变换矩阵 ，再通过 OpenCV 的库函数 cv.warpAffine(im, M, (w, h)) 来实现旋转这个几何变换，如图 4.4(d) 所示，当我们将第三个参数改为 60 时，结果如图 4.4(e) 所示，cv.getRotationMatrix2D 库函数学习可参考 4.2.4 节。

通过 OpenCV 的库函数 cv.flip(im, –1)，由 4.2.4 节的介绍可知，可以实现原图的水平垂直变换，结果如图 4.4(f) 所示。

通过 dim = (int(im.shape[1]*1.3), int(im.shape[0]*1.3)) 将图片的宽和高都扩大为原图的 1.3 倍，通过 OpenCV 的库函数 cv.resize(im, dim, interpolation=cv.INTER_NEAREST) 来实现图片的缩放，第三个参数为采取的插值方式，不同插值方式的参数选择请参考 4.2.4 节，不同插值方式的具体介绍请参考 4.2.3 节。结果如图 4.4(g) 到图 4.4(j) 所示，请注意不同插值方式的区别。

(a) 原图

(b) x 负方向平移 100 像素

(c) x 正方向平移 100 像素，y 负方向平移 100 像素

(d) 逆时针旋转 45°

图 4-4 几何变换运行结果

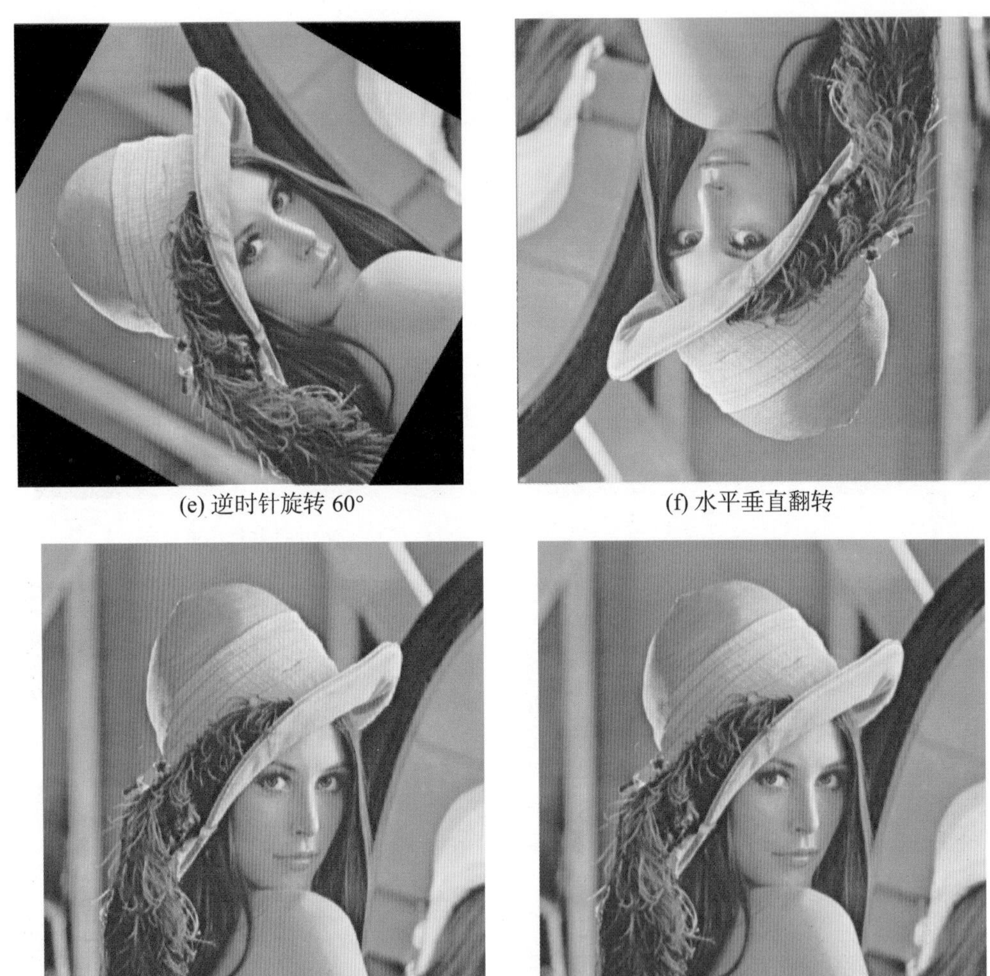

(e) 逆时针旋转 60°

(f) 水平垂直翻转

(g) 最近邻插值

(h) 双线性内插值

图 4-4　几何变换运行结果（续）

(i) 三次卷积插值

(j) 兰索斯插值

图 4-4 几何变换运行结果（续）

4.3.3 计算仿射变换矩阵

本实验所需文件：image_affine.py

本实验依赖库：OpenCV-Python (即 cv2) 和 NumPy

4.3.3.1 代码实现

代码实现如下。

```
#!/usr/bin/env python3
# encoding:utf-8
import cv2 as cv
import numpy as np
def main():
    # 读取图像
    im = cv.imread('lena.jpg')
    cv.imshow('lena.jpg', im)
```

```
    # 用原始图像和目标图像中三对对应点计算仿射变换矩阵
    srcTri = np.float32([[0, 0], [im.shape[1] - 1, 0], [0, im.shape[0] - 1]])
    dstTri = np.float32([[0, im.shape[1] * 0.3], [im.shape[1] * 0.9, im.shape[0] * 0.2], [im.
shape[1] * 0.1, im.shape[0] * 0.7]])
    warp_mat = cv.getAffineTransform(srcTri, dstTri)
    # 对原始图像进行仿射变换得到目标图像
    im_affine = cv.warpAffine(im, warp_mat, (im.shape[1], im.shape[0]))
    cv.imshow('im_affine.jpg', im_affine)
    cv.waitKey()
    cv.destroyAllWindows()
if __name__ == '__main__':
    main()
```

4.3.3.2 运行示例

在 4.3.2 节实验的基础上，可以直接进行下面的步骤。如果设备断电关机，则需要参考前面实验的运行示例进行操作。

我们可以按照下面的步骤进行实践。

(1) 首先按照第 I 部分要求进行硬件和软件环境配置，如果环境已经配置，本步可以跳过。

(2) 通过 cd 指令进入到存放有 image_affine.py, 的文件目录下 (假定文件按照第 I 部分的路径组织)，该文件目录处于 Ubuntu 系统的桌面中的 examples 母文件夹中的子文件夹 02, 如图 4-5 所示。实际操作中读者可根据具体文件所在位置进入对应的路径下)。

图 4-5 进入指定路径

(3) 使用 python3 命令运行 image_affine.py 文件，如图 4-6 所示。

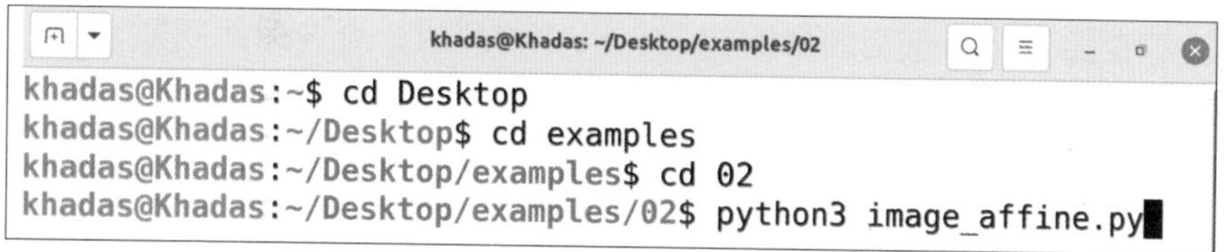

图 4-6　运行相应文件

(4) 实验结果。

在 image_affine 代码中，我们通过 dstTri = np.float32([[0, im.shape[1] * 0.3], [im.shape[1] * 0.9, im.shape[0] * 0.2], [im.shape[1] * 0.1, im.shape[0] * 0.7]]) 来定义变换后图像的三个点坐标，再通过 OpenCV 的库函数 cv.getAffineTransform(srcTri, dstTri) 来获取相对应的 M 的值，最后我们通过 OpenCV 的库函数 cv.warpAffine 来实现原图到指定图片位置的变换，如图 4-7 所示。

图 4-7　仿射变换运行结果

4.4　小结

图像的几何变换是图像处理中的重要操作之一，它可以对图像进行平移、旋转、缩放和倾斜等变换，从而改变图像的位置、尺寸和形状。通过几何变换，我们可以实现图像的校正、对齐、变形和投影等操作。

在几何变换中，平移操作可以将图像沿着水平和垂直方向移动，改变图像的位置。旋转操作可以围绕一个指定的中心点对图像进行旋转，使图像在角度上发生改变。缩放操作可以按比例调整图像的尺寸，使其更大或更小。倾斜操作可以使图像在水平或垂直方向上倾斜，改变图像的形状。除了这些基本的几何变换，还有更复杂的仿射变换和透视变换，它们可以实现更灵活和精确的图像变换。

几何变换在计算机视觉、图像匹配、图像配准和增强现实等领域具有广泛的应用。通过平移和旋转，我们可以对图像进行对齐和校正，以便进行特征提取和匹配。缩放操作可以用于图像的放大或缩小，以适应不同的显示或分析需求。倾斜操作可以用于纠正图像中的透视畸变，使其符合真实场景的几何形状。

要进行图像的几何变换，我们可以使用线性代数和几何变换矩阵来描述和实现变换过程。通过应用适当的变换矩阵，我们可以对图像进行精确的变换操作，并获得所需的结果。

总而言之，图像的几何变换是一种强大的工具，可以改变图像的位置、尺寸和形状，以适应不同的需求和应用场景。它在图像处理和计算机视觉中扮演着重要角色，为我们提供了丰富的图像处理和分析手段。

4.5 实践习题

(1) 用 OpenCV 提供的函数实现其余几何变换。

(2) 讨论仿射变换在现实中的应用 (提示：图像拼接)。

(3) 请用 OpenCV 实现将图像放大 1.2 倍再以图像中心为旋转点顺时针旋转 30 度，然后沿 x 轴方向移动 50 个像素的操作，并输出结果图像 (见图 4-8)。

图 4-8　运行结果

第 5 章　图像滤波实践

5.1　概述

图像滤波是数字图像处理中的一项基本技术，用于改变图像的特征或减少图像中的噪声。它通过在图像的空间域或频域上对像素进行操作，实现对图像的平滑、增强或去噪等目的。图像滤波可以分为线性滤波和非线性滤波两类，本章针对一些基本的滤波法做简要介绍，来加深读者对计算机处理图像滤波的理解，在此基础上，引入开源的计算机视觉库 OpenCV，通过对 OpenCV 提供的算法工具学习，来实现对图像的一系列滤波处理。

在本章末尾给出两个有一定挑战性的实践习题，希望学有余力的读者可以挑战一下自己，可以使读者更深刻的理解这一部分的知识。

5.2　图像滤波基础

下面要介绍图像滤波相关基础。

5.2.1　图像滤波

图像滤波，即在尽量保留图像细节特征的条件下，对目标图像进行抑制，是图像处理中不可缺少的操作，其处理的好坏直接影响到后续图像处理和分析的有效性和可靠性。

图像滤波还可以基于频域进行操作，其中傅里叶变换用于将图像转换到频域。在频域中，可以应用各种滤波器来处理频域表示，例如低通滤波器用于平滑图像、高通滤波器用于增强边缘等。

图像滤波在许多应用中起着重要的作用，如图像增强、去噪、特征提取等。根据具体的需求，选择适当的滤波器和参数可以达到所需的图像处理效果。

图像滤波是一种基于邻域的计算，滤波后图像像素 (x,y) 的值由原始图像像素 (x,y) 周围的一个小的邻域内像素值“组合”得出。如图 5-1 所示。

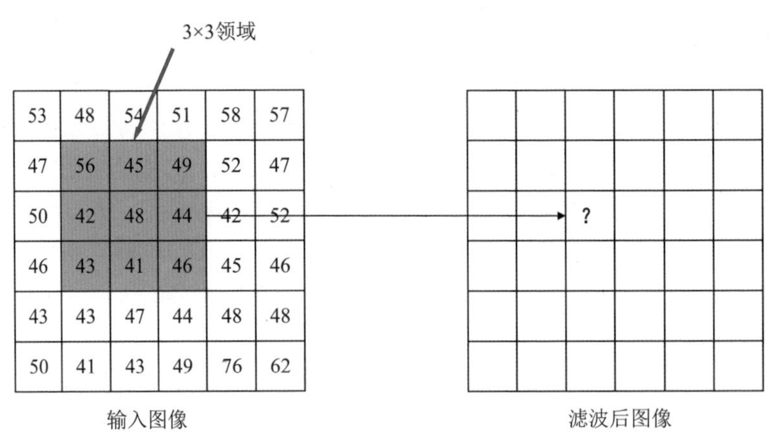

图 5-1　滤波

滤波器可以分为线性滤波器和非线性滤波器两种类型。

- 线性滤波器：线性滤波器根据图像中像素的线性组合来计算新的像素值。常见的线性滤波器包括均值滤波器、高斯滤波器和拉普拉斯滤波器。均值滤波器通过计算像素周围区域的平均值来平滑图像。高斯滤波器则使用加权平均值，其中像素的权重由高斯分布函数确定。拉普拉斯滤波器用于增强图像的边缘和细节。

- 非线性滤波器：非线性滤波器在计算新的像素值时，考虑像素周围的非线性关系。其中最常见的是中值滤波器，它使用像素周围区域的中值作为新的像素值。中值滤波器在去除椒盐噪声等类型的噪声方面表现出色。

5.2.2 卷积

图像卷积的过程与一维的情况十分类似：图像卷积就是卷积核在图像上按行滑动遍历像素时不断的相乘求和的过程。如图 5-2 所示，我们把图像上的 9 个值与卷积核的 9 个数值按照对应位置相乘再相加得到一个和，这个和就是我们得到的卷积值。然后把卷积核向右移动一个像素，再执行对应位置相乘再相加的过程得到第二个卷积值，当把所有像素遍历完成之后我们得到的结果就构成了一幅图像，这就是卷积得到的图像。

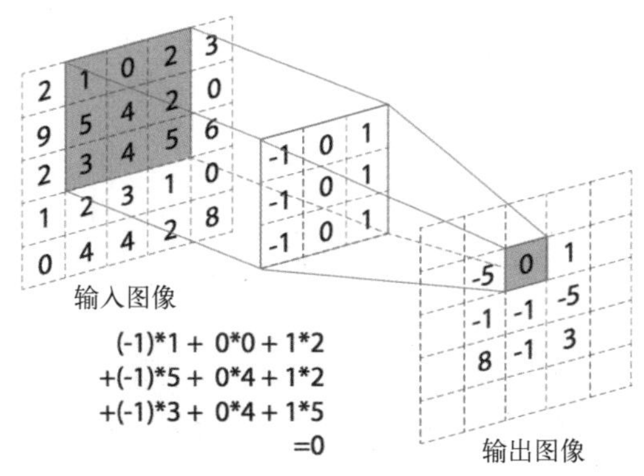

图 5-2 图像卷积

5.2.3 滤波方法

主要有四种滤波方法：均值滤波、高斯滤波、中值滤波和双边滤波。

5.2.3.1 均值滤波

均值滤波是最简单的一种滤波操作，如图 5-3 所示。

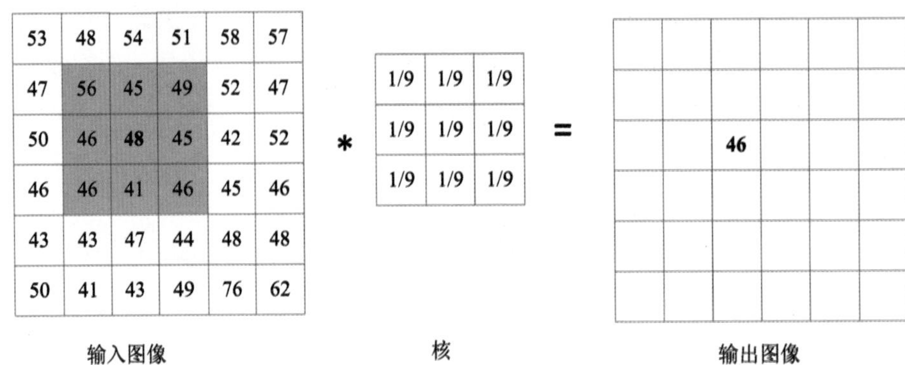

图 5-3　均值滤波

输出图像的每一个像素是核窗口内输入图像对应像素的平均值(所有像素加权系数相等)。均值滤波是典型的线性滤波算法，主要方法为邻域平均法，即用一片图像区域的所有像素灰度值的均值来代替原图像中的各个像素值，如式(5-1)所示。图 5-4 为不同大小卷积核作用后的结果图。

$$K = \frac{1}{k_{\text{width}} * k_{\text{height}}}\begin{bmatrix} 1 & \cdots & 1 \\ \vdots & \ddots & \vdots \\ 1 & \cdots & 1 \end{bmatrix} \tag{5-1}$$

(a) 原图

(b) 3 × 3 卷积核结果

(c) 5 × 5 卷积核结果

图 5-4　不同大小卷积核作用后的结果

核越大滤波后的图像越模糊，计算速度也越慢。实际应用中根据需要选取合适大小的核。

5.2.3.2 高斯滤波

均值滤波中卷积核元素的值是相同的，这意味着领域中所有像素值对中心元素滤波后的值的贡献是相同的。高斯滤波卷积核元素的权重由高斯函数产生，中心位置的权重最大，越远离中心权重越小，即邻域中越靠近中心的像素对最后的结果贡献越大。一维高斯函数如式 (5-2) 所示，高斯滤波是图像平滑或去噪常用的方法。一维高斯分布图像如图 5-5 所示。

$$g(x)=\frac{1}{\sqrt{2\pi}\sigma}\mathrm{e}^{\frac{-(x-\mu)^2}{2\sigma^2}} \tag{5-2}$$

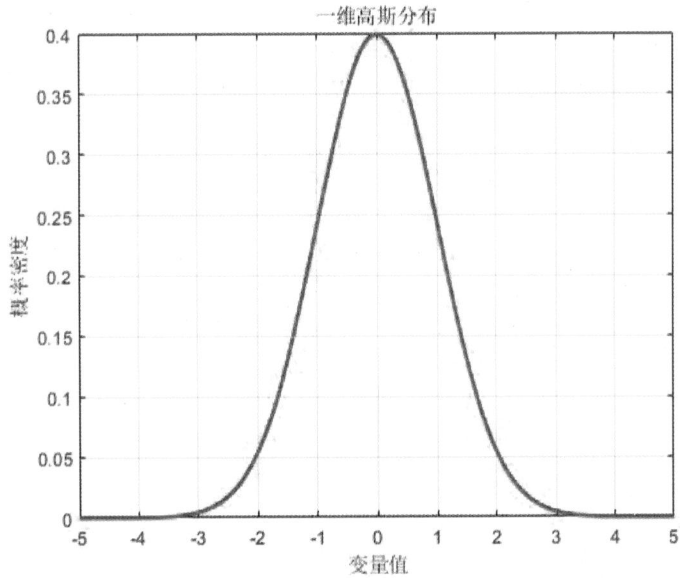

图 5-5 一维高斯分布图像

高斯公式在图像显示上是一种钟形图像，越接近像素点，对该像素点的影响越大。

每次计算都以当前像素点为参考点，因此周围像素坐标相对参考点坐标偏移的均值 μ 其实是 0，所以可将公式简化为 $g(x)=\frac{1}{\sqrt{2\pi}\sigma}e^{\frac{x^2}{2\sigma^2}}$ 。

下面以一维图像为例，假设方差 $\sigma=1.5$，如表 5-1 所示。

表 5-1　像素点相对坐标及其像素值

像素点相对坐标	−1	0	1
像素值	126	230	124

将像素坐标带入高斯公式中，将得到（高斯公式的值与像素点的值无关，因此先忽略），如表 5-2 所示。

表 5-2　像素坐标值

像素点相对坐标	−1	0	1
计算值	0.212965	0.265962	0.212965

将计算出的值理解为该相对位置的权重。注意，这个权重与像素点的取值无关。可以将该向量作为模板，依据事先选定的方差 σ 及半径，提前计算各相对位置对应的权值。这样一来，就不必在每个像素点都重新计算卷积核参数，由此运算量得以显著减少。此外，为进一步节省计算量，还可以事先对这些权重做归一化处理。

归一化原因如下，在加权求和时，最终的结果还需要除以权重和。然而，这一步可以提前完成，运算结果不会受到影响。

将得到的计算值求和，得到 0.691892。将这个计算值依次除以这个和，将得到归一化之后的权重，如表 5-3 所示。

表 5-3　像素坐标值

像素点相对坐标	1	0	−1
最终结果	0.307801	0.384398	0.307801

这个向量常称为高斯掩膜。

之后对像素点的值进行计算，得到处理后的中心坐标像素点：

$126 \times 0.307801+230 \times 0.384398+124 \times 0.307801=165.36179$

根据结果来看，中心像素点过高的值明显被拉低。二维高斯函数如式 (5-3) 所示。

$$g(x,y)=\frac{1}{2\pi\sigma^2}\mathrm{e}^{-\frac{x^2+y^2}{2\sigma^2}} \tag{5-3}$$

二维高斯分布如图 5-6 所示。二维高斯的计算可以将二维变换拆解为两个一维变化。

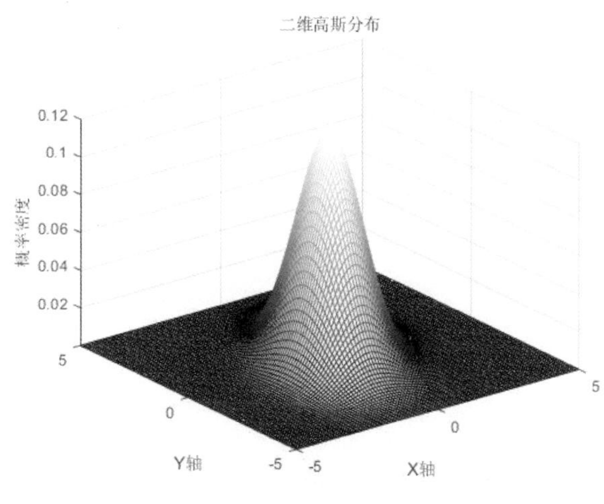

图 5-6　二维高斯分布

5.2.3.3　中值滤波

中值滤波 (median filter) 是一种典型的非线性滤波技术，基本思想是用像素点邻域灰度值的中值来代替该像素点的灰度值，该方法在去除脉冲噪声、椒盐噪声的同时又能保留图像边缘细节，中值滤波是基于排序统计理论的一种能有效抑制噪声的非线性信号处理技术，其基本原理是把数字图像或数字序列中一点的值用该点的一个邻域中各点值的中值代替，让周围的像素值接近的真实值，从而消除孤立的噪声点，对于斑点噪声 (speckle noise) 和椒盐噪声 (salt-and-pepper noise) 来说尤其有用，因为它不依赖于邻域内那些与典型值差别很大的值。中值滤波器在处理连续图像窗函数时与线性滤波器的工作方式类似，但滤波过程却不再是加权运算。中值滤波器与均值滤波器比较的优势：在均值滤波器中，由于噪声成分被放入平均计算中，所以输出受到了噪声的影响，但是在中值滤波器中，由于噪声成分很难选上，所以几乎不会影响到输出。因此同样用 3×3 区域进行处理，中值滤波消除的噪声能力更胜一筹。中值滤波无论是在消除噪声还是保存边缘方面都是一个不错的方法。中值滤波器与均值滤波器比较的劣势：中值滤波花的时间是均值滤波的 5 倍以上。中值滤波示意图如图 5-7 所示。

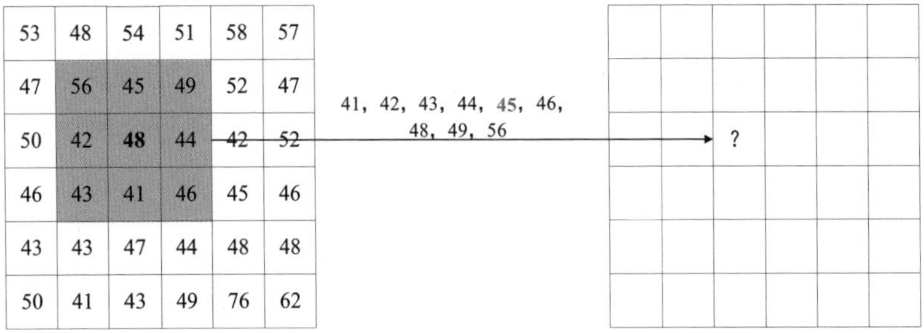

53	48	54	51	58	57
47	56	45	49	52	47
50	42	**48**	44	42	52
46	43	41	46	45	46
43	43	47	44	48	48
50	41	43	49	76	62

41，42，43，44，45，46，
48，49，56

?

图 5-7　中值滤波

5.2.3.4　双边滤波

双边滤波是一种非线性滤波方法，在图像处理中常用于平滑操作，可用式 (5-4) 来表示。与传统的线性滤波器相比，双边滤波器能够在平滑图像的同时保留边缘信息，从而实现更好的平滑效果。双边滤波器的核心思想是基于空间域和像素值域的相似性来进行加权平均。在滤波过程中，每个像素的新值是由其邻域像素的加权平均得到的，其中权重是通过考虑两个因素来确定的：空间距离和像素值差异。

$$k(x,y,i,j)=k_d(x,y,i,j)\times k_r(x,y,i,j)=\mathrm{e}^{-\frac{(x-i)^2+(y-i)^2}{2\sigma_d^2}}\times\mathrm{e}^{-\frac{\|f(x,y)-f(i,j)\|^2}{2\sigma_r^2}} \tag{5-4}$$

其中，$k_d(x,y,i,j)=\mathrm{e}^{-\frac{(x-i)^2+(y-j)^2}{2\sigma_d^2}}$ 为空间域核，$k_r(x,y,i,j)=\mathrm{e}^{-\frac{\|f(x,y)-f(i,j)\|^2}{2\sigma_r^2}}$ 为值域核。

5.2.4 OpenCV 中的图像滤波函数

下面介绍 OpenCV 中的常用的图像滤波函数。

(1) 均值滤波。

```
dst = cv2.blur(src, [, ksize[,anchor[, borderType]])
```

- src：输入图像。
- ksize：卷积核的大小，可以为 1、3、5 或者 7。
- anchor：图像点在卷积核中的位置。默认位 (-1,-1)，即在核的中心。
- borderType：边界类型。不支持 BORDER_WRAP。
- dst：输出图像，大小和通道数与输入图像相同。

(2) 高斯滤波。

```
dst = cv2.GaussianBlur(src,ksize,sigmaX [, sigmaY[, borderType]])
```

- src：输入图像。
- ksize：高斯核的大小。
- sigmaX：高斯核在 x 方向的均方差。
- sigmaY：高斯核在 y 方向的均方差，默认为 0。如果 sigmaX 核 sigmaY 都为 0，则分别由 ksize.width 和 ksize.height 计算得到。
- borderType：边界类型。不支持 BORDER_WRAP。
- dst：输出图像，大小和通道数与输入图像相同。

(3) 中值滤波。

```
dst = cv2.medianBlur(src,ksize)
```

- src：输入图像。
- ksize：高斯核的大小。
- dst：输出图像，大小和通道数与输入图像相同。

(4) 双边滤波。

```
dst = cv2.bilateraBlur(src,d,sigmaColor , sigmaSpace[, borderType]])
```

- src：输入图像。可以是 8 位整型或浮点数的单通道或 3 通道图像。
- d：滤波时图像点的邻域直径，如果非正则由 sigmaSpace 计算得出。
- sigmaColor：颜色空间的 sigma。数值越大，图像点邻域内更远的颜色将会被混合在一起，产生更大的半箱等颜色区域。
- sigmaSpace：坐标空间的 sigma。数值越大，只要颜色足够接近，距离更远的像素会相互影响。当 d > 0 时，d 指定了邻域大小且与 sigmaSpace 无关，否则 d 与 sigmaSpace 成正比。
- borderType：边界类型。不支持 BORDER_WRAP。
- dst：输出图像，大小和通道数与输入图像相同。

(5) 除了以上介绍的几个专门的滤波函数，OpenCV 还提供了使用自定义卷积核进行滤波的函数。

```
dst = cv2.filter2D(src, ddepth, kernel[, anchor[, delta[, borderType]]])
```

- src：输入图像。
- ddepth：输出图像的深度，它与输入图像深度有几种匹配组合。
- kernel：卷积核（或互相关核），是单通道浮点数矩阵。如果想对不同的通道使用不同的卷积核，需要先使用 cv2.split() 将图像各通道分开，然后分别对每个通道进行处理。
- anchor：图像点在卷积核中的位置。默认为 (-1,-1)，即在核的中心。
- delta：卷积计算后加上的值，可选。
- borderType：边界类型。不支持 BORDER_WRAP。
- dst：输出图像，大小和数据类型与输入图像相同。

5.3 图像滤波示例

示例如下。

5.3.1 实验准备

本章的实践所使用的硬件和软件环境请参照第 I 部分实践环境部分进行配置。

5.3.2 常用图像滤波实例

本实验所需文件：image_filtering.py、lena_poisson.jpg、lena_sp.jpg 和 ena_poisson.jpg

本实验依赖库：OpenCV-Python(即 cv2)

5.3.2.1 代码实现

代码实现如下。

```
import cv2 as cv
import numpy as np

def main():

    im_poisson = cv.imread('lena_poisson.jpg')

    # 3x3 均值滤波
    im_average = cv.blur(im_poisson, (3, 3))

    # 高斯滤波
    im_gaussian3x3 = cv.GaussianBlur(im_poisson, (3, 3), 0, 0)
    im_gaussian5x5 = cv.GaussianBlur(im_poisson, (5, 5), 0, 0)
    im_gaussian3x3_2 = cv.GaussianBlur(im_poisson, (3, 3), 2, 2)

    im_sp = cv.imread('lena_sp.jpg')
    # 中值滤波
```

```
    im_median3x3 = cv.medianBlur(im_sp, 3)

    # 显示图像
    cv.imshow('lena_poisson.jpg', im_poisson)
    cv.imshow('lena_average.jpg', im_average)
    cv.imshow('lena_gaussian3x3.jpg', im_gaussian3x3)
    cv.imshow('lena_gaussian5x5.jpg', im_gaussian5x5)
    cv.imshow('lena_gaussian3x3_2.jpg', im_gaussian3x3_2)
    cv.imshow('lena_median3x3.jpg', im_median3x3)
    cv.waitKey()
    cv.destroyAllWindows()

if __name__ == '__main__':
    main()
```

5.3.2.2 图像滤波运行示例

(1) 首先按照第 I 部分要求进行硬件和软件环境配置，如果环境已经配置，本步可以跳过。

(2) 通过 cd 指令进入到存放有指定 image_filtering.py 文件的文件目录下 (假定文件按照第 I 部分的路径组织，该文件目录处于 Ubuntu 系统的桌面中的 examples 母文件夹中的子文件夹 03 中，如图 5-8 所示。实际操作中读者可根据具体文件所在位置进入对应的路径下)。

图 5-8　进入指定路径

(3) 使用 python3 命令运行 image_filtering.py 文件，如图 5-9 所示。

图 5-9　运行相应文件

(4) 实验结果。

在 image_filtering.py 代码中，通过调用 cv.medianBlur 函数，更改 ksize 的值来设置不同的卷积核，从而实现卷积核为 3 × 3 的均值滤波，如图 5.10(b) 所示。通过调用 cv.GaussianBlur 函数，更改函数中 ksize，sigmaX 和 sigmaY 的值来实现不同卷积核的高斯滤波，如图 5.10 (c) 到 (e) 所示。通过调用 cv.medianBlur 函数，更改 ksize 的值来实现不同卷积核的中值滤波，如图 5.10 (f) 所示为 3 × 3 的卷积核的中值滤波。

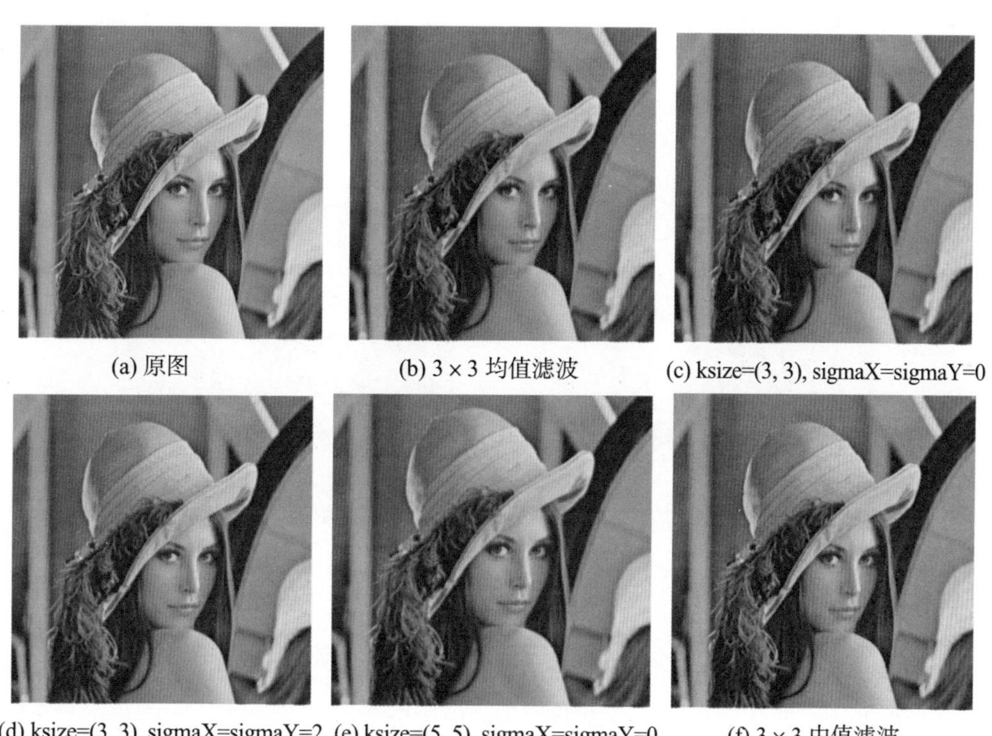

(a) 原图　(b) 3 × 3 均值滤波　(c) ksize=(3, 3), sigmaX=sigmaY=0

(d) ksize=(3, 3), sigmaX=sigmaY=2　(e) ksize=(5, 5), sigmaX=sigmaY=0　(f) 3 × 3 中值滤波

图 5-10　图像滤波运行结果

5.4　小结

图像滤波是数字图像处理中的关键概念，用于改变图像的外观、增强特定特征或去

除噪声。滤波操作通过在图像的像素之间应用特定的权重来实现，这些权重决定了滤波器的性质和效果。本章介绍了图像滤波的基本原理、常见的滤波方法以及它们的应用。图像滤波是数字图像处理中的核心技术，能够在各种应用中改善图像质量、去除噪声和强调图像特征。不同的滤波方法和技术可根据任务需求进行选择，通过合理的滤波操作，可以提升图像处理和计算机视觉应用的性能和效果。

5.5 实践习题

(1) 用 OpenCV 提供的函数实现双边滤波。实验结果示例如图 5-11 所示。

(a) 原图

(b) 双边滤波

图 5-11 双边滤波运行结果

(2) 使用不同的滤波器对一张图像进行去噪处理。尝试使用不同的滤波器对同一张图像进行处理，并比较不同滤波器的效果。结果综合参照图像滤波实例及上一实践习题。

第 6 章　图像边缘检测实践

6.1　概述

边缘处理是数字图像处理中的一项重要技术，用于检测和增强图像中的边缘信息。边缘通常表示图像中不同区域之间的强度或颜色变化。边缘处理在计算机视觉、图像识别、边缘检测、边缘增强等领域有广泛的应用。边缘处理的目标是在图像中找到明显的边缘，并将它们以清晰、准确的方式表示出来。边缘通常与物体边界、纹理、形状和深度信息等密切相关，因此边缘处理对于图像分割、目标检测、图像识别等任务至关重要。

本章主要对图像边缘检测的算子进行介绍，例如 Prewitt、Sobel 等，可以加深读者对图像边缘检测的理解，在此基础上，引入开源的计算机视觉库 OpenCV，通过学习 OpenCV 提供的算法工具来实现对图像的一系列边缘检测。

本章末尾将给出两个有一定挑战性的实践习题，学有余力的读者可以挑战一下自己，更深刻地理解这一部分的知识。

6.2　边缘检测理论基础

下面要介绍边缘检测基础知识。

6.2.1 边缘检测

边缘检测是数字图像处理中的一项基本任务，它的目标是在图像中找到明显的边缘区域，并将其提取出来。边缘通常表示图像中亮度、颜色或纹理等特征发生突变的位置。边缘检测在许多图像处理和计算机视觉应用中起着重要作用，例如目标检测、图像分割、特征提取、运动分析等。通过边缘检测，可以捕捉到图像中物体的轮廓、纹理边界以及其他重要的特征信息，为后续的分析和处理提供基础。

边缘检测的基本原理是基于图像中灰度值或颜色的变化。

下面主要对梯度算子做简要介绍。

6.2.2 了解边缘

边缘检测是图像处理的基础问题，它是找出图像边缘的过程。图像的边缘是指那些亮度发生剧烈变化，即亮度不连续的位置如图 6-1 所示。

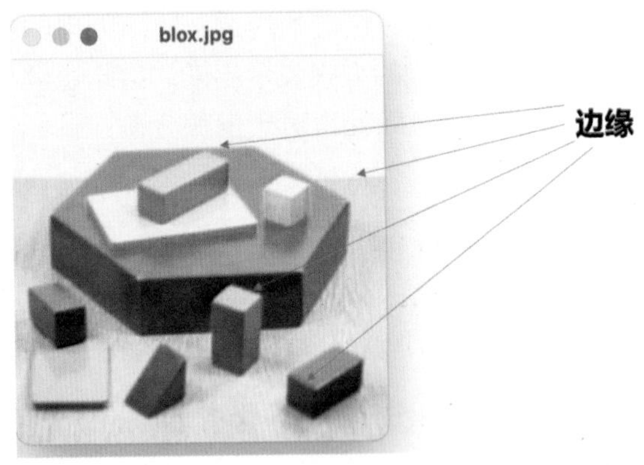

图 6-1　边缘示意图

6.2.3 图像梯度

这种图像像素值(亮度)在某一方向上的变化即是图像梯度。图像边缘亮度变化剧烈，梯度幅值大；图像平滑的区域亮度连续，梯度幅值很小。也就是说，通过计算像素的梯度可以确定边缘。

数学上图像的梯度定义如式 (6-1) 所示。

$$\nabla f = \begin{bmatrix} g_x \\ g_y \end{bmatrix} = \begin{bmatrix} \frac{\partial f}{\partial x} \\ \frac{\partial f}{\partial y} \end{bmatrix} \tag{6-1}$$

其中，$\frac{\partial f}{\partial x}$ 是 x 方向的梯度，$\frac{\partial f}{\partial y}$ 是 y 方向的梯度，计算时可以用差分来近似。

6.2.4 常用算子

这些算子主要是用于计算图像中像素灰度值或颜色变化的强度和方向。其中 Prewitt 算子是一种差分算子，类似于 Sobel 算子。如式 (6-2) 所示，它包括水平和垂直两个方向的算子，用于计算图像中像素点的梯度。Prewitt 算子对于边缘检测同样有效，但相对于 Sobel 算子，它的计算简单一些。Prewitt 算子用两个 3×3 的核与原始图像进行卷积计算 x 方向和 y 方向的梯度近似。

$$G_x = \begin{bmatrix} -1 & 0 & 1 \\ -1 & 0 & 1 \\ -1 & 0 & 1 \end{bmatrix} * I,\quad G_y = \begin{bmatrix} -1 & -1 & -1 \\ 0 & 0 & 1 \\ 1 & 1 & 1 \end{bmatrix} * I \tag{6-2}$$

图像每个像素的梯度如下：

$$\text{幅值}\ G = \sqrt{G_x^2 + G_y^2} \quad \text{方向}\ \theta = \arctan \frac{G_x}{G_y}$$

Sobel 算子是一种基于差分操作的边缘检测算子。如式 (6-3) 所示，它分为水平和垂直两个方向的算子，通过计算图像中像素点的梯度来检测边缘。Sobel 算子对于检测水平和垂直边缘具有较好的响应。Sobel 算子也是用两个 3×3 的核与原始图像进行卷积计算 x 方向和 y 方向的梯度近似。 与 Prewitt 算子不同的是，Sobel 算子对图像进行了高斯平滑处理。

$$G_x=\begin{bmatrix}-1 & 0 & 1\\ -2 & 0 & 2\\ -1 & 0 & 1\end{bmatrix}*I，\quad G_y=\begin{bmatrix}-1 & -2 & -1\\ 0 & 0 & 0\\ 1 & 2 & 1\end{bmatrix}*I \tag{6-3}$$

图像每个像素的梯度如下：

$$\text{幅值}\ G=\sqrt{G_x^2+G_y^2}\quad \text{方向}\ \theta=\arctan\frac{G_y}{G_x}$$

如式 (6-4) 所示，Scharr 算子是一种用于边缘检测的算子，它是 Sobel 算子的改进版本之一，能够提供更加敏锐和准确的边缘检测结果。Scharr 算子也是基于差分操作的，它同样包括水平和垂直两个方向的算子。与 Sobel 算子不同的是，Scharr 算子使用了更复杂的卷积核来进行梯度计算。与 Sobel 算子相比，Scharr 算子计算的梯度近似更准确，但速度与 Sobel 算子相同。

$$G_x=\begin{bmatrix}-3 & 0 & 3\\ -10 & 0 & 10\\ -3 & 0 & 3\end{bmatrix}*I，\quad G_y=\begin{bmatrix}-3 & -10 & -3\\ 0 & 0 & 0\\ 3 & 10 & 3\end{bmatrix}*I \tag{6-4}$$

图像每个像素的梯度如下：

$$\text{幅值}\ G=\sqrt{G_x^2+G_y^2}\quad \text{方向}\ \theta=\arctan\frac{G_y}{G_x}$$

Laplacian 算子是一种二阶微分算子，用于检测图像中的边缘和纹理。它计算图像的二阶导数，并通过找到零交叉点来定位边缘。Laplacian 算子对于边缘的定位和细节增强很有用，但容易受到噪声的影响。其数学表达如式 (6-5) 所示。

$$L(x,y)=\frac{\partial^2 I}{\partial x^2}+\frac{\partial^2 I}{\partial y^2} \tag{6-5}$$

其近似的离散卷积核如图 6-2 所示。

0	-1	0
-1	4	-1
0	-1	0

-1	-1	-1
-1	8	-1
-1	-1	-1

图 6-2　Laplacian 算子卷积核

Laplacian 算子对噪声非常敏感，在进行 Laplacian 滤波前通常要对图像进行高斯滤波 / 高斯平滑。

Canny 边缘检测是一种多级的边缘检测方法，它由于能获得良好的、稳定的边缘而得到了广泛使用。Canny 边缘检测由以下几个步骤组成。

(1) 梯度计算：使用梯度算子来计算图像中每个像素的梯度值。梯度表示图像中灰度或颜色的变化强度和方向。常用的梯度算子包括 Sobel 和 Prewitt 等。

(2) 梯度幅值与方向：根据梯度计算结果，可以得到每个像素点的梯度幅值和梯度方向。梯度幅值反映了边缘的强度，而梯度方向指示了边缘的走向。

(3) 非极大值抑制：为了细化边缘，通常使用非极大值抑制方法。在每个像素点上，检查其梯度方向上的相邻像素，仅保留局部梯度幅值的极大值点，而抑制其他非极大值点。

(4) 阈值处理：通过设定适当的阈值来对梯度幅值进行二值化处理，将边缘像素与非边缘像素区分开来。常用的阈值处理方法包括固定阈值和自适应阈值。

(5) 边缘连接：在阈值处理之后，可能会存在一些孤立的边缘片段。边缘连接的目标是将这些边缘片段连接成连续的边缘轮廓。常见的边缘连接方法包括基于像素邻域关系的连通区域算法和基于边缘跟踪的算法。

6.2.5 OpenCV 中的边缘检测函数

下面我们提供了 OpenCV 中的常用的边缘检测函数。

(1) Sobel 算子。

```
dst = cv2.Sobel(src, ddepth, dx, dy[, ksize[, scale[, delta[, borderType]]]])
```

- src：输入图像。
- ddepth：输出图像深度，它与输入图像深度有几种匹配组合。对于 8 位输入图像，可能会产生截断的导数值 (导致错误)。
- dx：x 方向导数阶数。
- dy：y 方向导数阶数。
- ksize：卷积核的大小，可以为 1、3、5 或者 7。
- scale：导数值的缩放因子。默认值为 1，即不缩放。
- delta：卷积计算后加上的值，可选。
- borderType：边界类型。不支持 BORDER_WRAP。
- dst：输出图像，大小和通道数与输入图像相同。

扩展如下：

- 参数 ddepth：当 ddepth = −1 时，输出图像深度与输入图像相同。
- 参数 ksize：cv2.Sobel() 常常用来计算图像 x 方向和 y 方向的一阶偏导数：

```
im_sobelx = cv2.Sobel(im, ddepth, dx=1, dy=0, ksize=3)
im_sobely = cv2.Sobel(im, ddepth, dx=0, dy=1, ksize=3)
```

当 ksize = −1(FILTER_SCHARR) 时，cv2.Sobel() 实际进行的是 3×3 的 Scharr 边缘检测。

(2) Scharr 算子。

```
dst = cv2.Scharr(src, ddepth, dx, dy[, scale[, delta[, borderType]]])
```

- src：输入图像。
- ddepth：输出图像深度，它与输入图像深度有几种匹配组合。对于 8 位输入图像，可能会产生截断的导数值 (导致错误)。
- dx：x 方向导数阶数。
- dy：y 方向导数阶数。
- scale：导数值的缩放因子。默认值为 1，即不缩放。
- delta：卷积计算后加上的值，可选。
- borderType：边界类型。不支持 BORDER_WRAP。
- dst：输出图像，大小和通道数与输入图像相同。

(3) Laplacian 算子。

```
dst = cv2.Laplacian(src, ddepth[, ksize[, scale[, delta[, borderType]]]])
```

- src：输入图像。
- ddepth：输出图像深度，它与输入图像深度有几种匹配组合。对于 8 位输入图像，可能会产生截断的导数值 (导致错误)。
- scale：导数值的缩放因子。默认值为 1，即不缩放。
- delta：卷积计算后加上的值，可选。
- borderType：边界类型。不支持 BORDER_WRAP。
- dst：输出图像，大小和通道数与输入图像相同。

扩展如下：

- 当 ksize = 1 时，该函数用图 6.3 的卷积核对图像进行操作：

0	-1	0
-1	4	-1
0	-1	0

图 6-3 卷积核

- 当 ksize > 1 时，该函数用 Sobel 算子分别计算 x 方向和 y 方向的二阶微分后再将二者相加，如式 (6-6) 所示：

$$\text{dst} = \frac{\partial^2 \text{src}}{\partial x^2} + \frac{\partial^2 \text{src}}{\partial y^2} \tag{6-6}$$

(4) Canny 算子。

```
edges = cv2.Canny(image, threshold1, threshold2[, apertureSize[, L2gradient]])
```

- image：8 位输入图像。
- threshold1：滞后处理的第一个阈值。
- threshold2：滞后处理的第二个阈值。
- apertureSize：Sobel 算子卷积核大小。
- L2gradient：是否使用 L2 范数计算梯度幅值。true 为使用 L2，默认 false 为使用 L1 范数。
- edges：输出图像，8 位单通道，大小和通道数与输入图像相同。

```
edges = cv2.Canny(dx, dy, threshold1, threshold2[, L2gradient])
```

- dx：输入图像，16 位的 x 方向的一阶导数图像，类型为 CV_16SC1 或者 CV_16SC3。
- dy：输入图像，16 位的 y 方向的一阶导数图像，类型为 CV_16SC1 或者

CV_16SC3。

- threshold1：滞后处理的第一个阈值。
- threshold2：滞后处理的第二个阈值。
- L2gradient：是否使用L2范数计算梯度幅值。true为使用L2，默认false为使用L1范数。
- edges：输出图像，8位单通道，大小与输入图像相同。

与前一个函数不同的是，这个函数可以使用Canny检测算法寻找任意梯度图像中的边缘。前一个函数中的梯度图像是用Sobel算子得出的。

6.3 边缘检测示例

下面将从实验平台和实例这两个方面进行演示。

6.3.1 实验准备

本章的实践所使用的硬件和软件环境请参照第I部分实践环境部分进行配置。

6.3.2 边缘检测实例

本实验所需文件：canny.py和building.jpg

本实验依赖库：OpenCV-Python(即cv2)

6.3.2.1 代码实现

代码实现如下。

```
import cv2 as cv

window_name = 'edge map'
```

```
def canny(low_threshold):

    # 此处固定 threshold2 等于 3xthreshold1
    high_threshold = low_threshold * 3
    kernel_size = 3

    im = cv.imread('building.jpg')
    # 将图像转为灰度图
    im_grey = cv.cvtColor(im, cv.COLOR_BGR2GRAY)
    # 对图像进行高斯滤波平滑图像
    im_blur = cv.GaussianBlur(im_grey, (3, 3), 0, 0)

    # Canny 边缘检测
    edges = cv.Canny(im_blur, low_threshold, high_threshold, kernel_size)
    # 以原始图像的色调显示边缘
    mask = edges != 0
    edge_map = im * (mask[:,:,None].astype(im.dtype))
    cv.imshow(window_name, edge_map)

def main():

    max_lowThreshold = 100
    cv.namedWindow(window_name)
    cv.createTrackbar('low threshold', window_name, 0, max_lowThreshold, canny)
    canny(0)
    cv.waitKey()
    cv.destroyAllWindows()
if __name__ == '__main__':
    main()
```

6.3.2.2 运行示例

我们可以按照下面的步骤进行实践。

(1) 首先按照第 I 部分要求进行硬件和软件环境配置，如果环境已经配置，本步可以跳过。

(2) 通过 cd 指令进入到存放有指定 canny.py 文件的文件目录下 (假定文件按照第 I 部分的路径组织，该文件目录处于 Ubuntu 系统的桌面中的 examples 母文件夹中的子文件夹 03 中，如图 6-4 所示。实际操作中读者可根据具体文件所在位置进入对应的路径下)。

图 6-4 进入指定路径

(3) 使用 python3 命令运行 canny.py 文件，如图 6-5 所示。

图 6-5 运行相应文件

(4) 实验结果。

在 canny.py 代码中，我们通过 OpenCV 提供的库函数 cv.canny() 来进行边缘检测，前通过库函数 cv.imshow 来将边缘显示在图片中。

通过调整不同 threshold 的值来提取不同的边缘，如图 6-6 所示。

(a) 参数 threshold=7 时的 Canny 边缘检测结果图

(b) 参数 threshold=25 时的 Canny 边缘检测结果图

图 6-6　边缘检测运行结果

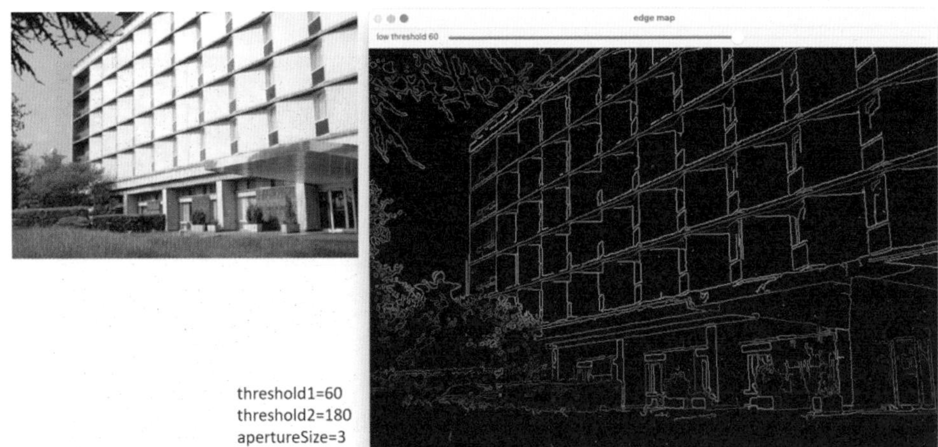

(c) 参数 threshold=60 时的 Canny 边缘检测结果图

图 6-6　边缘检测运行结果图（续）

6.4　小结

图像边缘处理是数字图像处理中的关键技术，用于检测和增强图像中的边缘特征。边缘在图像中代表了颜色、亮度或纹理等属性发生剧烈变化的区域，通常包含有关物体轮廓和结构的重要信息。本章探讨了图像边缘处理的方法、算法以及其在计算机视觉和图像分析中的应用。图像边缘处理是在图像处理和计算机视觉中至关重要的技术，有助于提取图像中的关键信息和特征。不同的边缘检测算法和增强技术适用于不同的场景，选择适当的方法取决于任务需求和图像特点。通过有效的边缘处理，可以改善图像分析和理解的准确性和可靠性。

6.5　实践习题

(1) 使用 Laplacian 算子进行边缘检测，并将边缘显示为白色。实验结果图如图 6-7 所示。

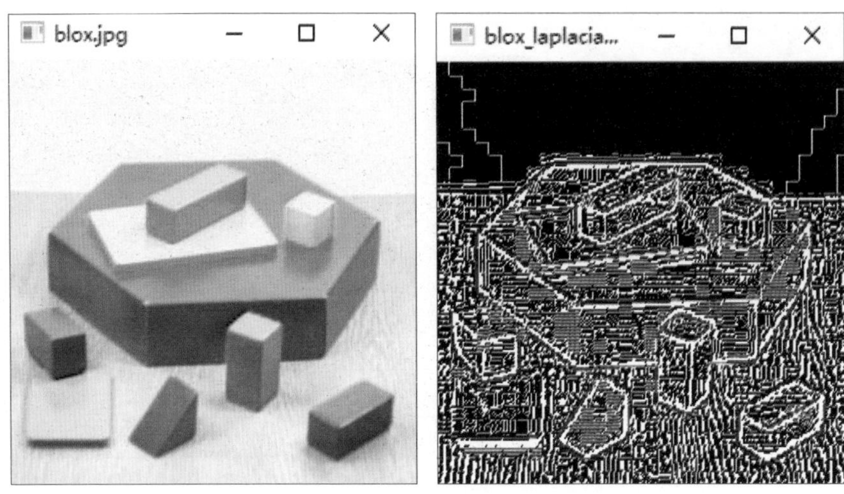

图 6-7　Laplacian 算子运行结果

(2) 实现本章中所介绍的边缘检测算子，并总结比较区别。实验结果图如图 6-8 所示 (实验结果以 Scharr 算子为例)。

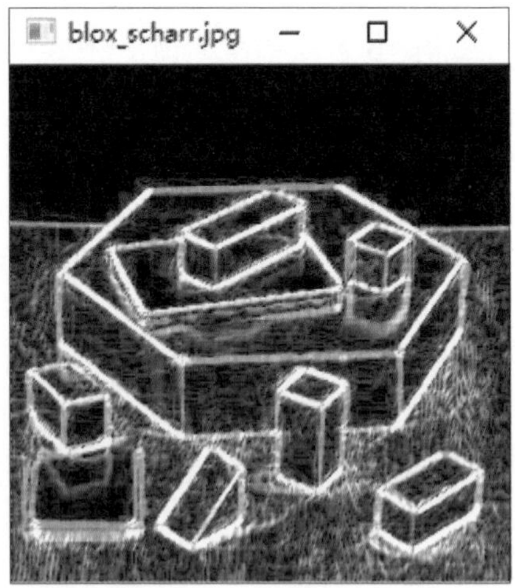

图 6-8　Scharr 算子运行结果

第 7 章　特征提取与匹配实践

7.1　概述

本章主要内容围绕特征提取与匹配实践进行展开，介绍了 SIFT 特征提取算法的原理，并给出在 OpenCV 中的调用方法。在实践内容方面给出 SIFT 特征提取算法，特征匹配之暴力匹配法和快速最近邻法三个实例，便于读者进行相关的学习和实践。

SIFT(Scale-Invariant Feature Transform) 是一种用于在不同尺度和旋转条件下进行稳健匹配的特征提取和匹配算法。该算法由 大卫·洛韦 (David Lowe) 在 1999 年提出，经过多年的改进和优化，已经发展成为计算机视觉领域中最流行的特征提取和匹配算法之一。

暴力匹配法 (Brute Force) 是一种简单直接的字符串匹配算法，也称为“朴素匹配法”(Naive Matching)。该算法的主要思想是从主串中的每个位置开始，依次与模式串进行比较，直到找到匹配或者主串遍历完毕。尽管暴力匹配法的效率相对较低，但它的实现简单直观，并且适用于小规模的字符串匹配问题。

快速最近邻法基于哈希表的思想，将高维数据映射到低维空间，通过在低维空间中进行最近邻搜索来加速特征匹配过程。快速最近邻法具有较高的匹配精度和速度，且能够处理大规模的数据集。同时，它也是其他一些高效特征匹配算法的基础，如局部敏感哈希 (LSH) 和 KD 树等。

本章末尾将给出两个有一定挑战性的实践习题，学有余力的读者可以挑战一下，该部分不附带演示过程和代码。

7.2 特征提取与匹配基础知识

下面要介绍相关基础知识。

7.2.1 SIFT 特征提取算法

特征提取是在机器学习和模式识别中的一项重要任务，它指的是从原始数据中提取出最具代表性和区分性的特征，以用于后续的分析和建模任务。特征提取广泛应用于图像处理、自然语言处理、语音识别和生物信息学等领域。

特征提取的意义如下。

- 降维和数据压缩：原始数据可能包含大量冗余或噪声信息，通过特征提取可以将数据转换为更低维度的特征表示，从而减少存储空间和计算复杂度，并且可以过滤掉不相关的特征。
- 数据可视化：通过将高维数据映射到二维或三维空间中，特征提取可以帮助我们可视化数据，发现数据之间的模式、关联和聚类结构，从而更好地理解数据。
- 提高分类和回归性能：特征提取可以提取出最具有区分性的特征，帮助机器学习算法更好地区分不同的类别或回归目标，提高分类和回归任务的准确性和泛化能力。
- 数据预处理和噪声过滤：特征提取可以帮助我们在数据分析之前对原始数据进行预处理，去除噪声、填补缺失值、平滑数据等操作，从而提高后续分析的质量和可靠性。

总的来说，特征提取可以帮助我们从原始数据中提取出最有用的信息，降低数据的复杂性，并且提高机器学习算法的性能和效果。

图像特征包含了图像某种标志性的信息。它可以是点、边缘、轮廓、纹理等图像本身就具有的特征，也可以是我们为了分析和处理设计出来的特征，如直方图、SIFT、HOG 等。

如图 7-1 所示，图像特征提取即是将上面这些内在的特征或人为设计的特征信息提取出来等过程。传统的特征提取方法有直方图、SIFT、ORG、HOG、LBP、HAAR 等。

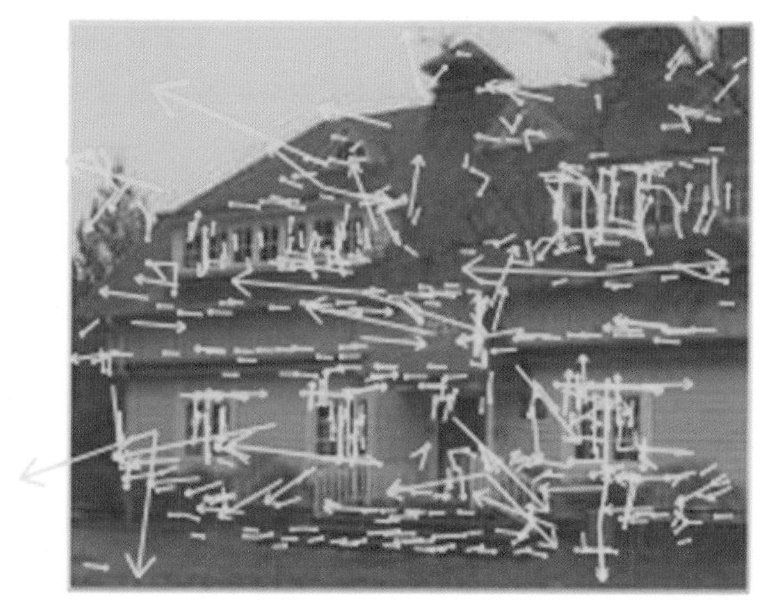

图 7-1 被提取出的特征点及其方向

SIFT 算法具有较高的匹配精度和稳健性，能够在不同的环境和场景中进行有效的特征匹配，因此在计算机视觉领域中得到广泛应用。同时，SIFT 算法的运算量较大，需要消耗大量计算资源，在实际应用中也需要进行一些优化和加速。

SIFT 特征属于局部特征，对旋转、尺度缩放和亮度变化具有不变性，在一定程度上对仿射变换、噪声、遮挡等保持稳定。

SIFT 特征的提取主要有以下几个步骤。

(1) 尺度空间极值点检测。

(2) 关键点搜索与定位。

(3) 特征方向赋值。

(4) 关键点描述。

SIFT 算法的实质就是在不同的尺度空间上查找关键点，并计算出关键点的方向。SIFT 所查找到的关键点是一些十分突出，不会因光照，仿射变换和噪声等因素而变化的点，如角点、边缘点、暗区的亮点及亮区的暗点等。下面针对 SIFT 算法的每一步做详细介绍。

7.2.1.1　尺度空间极值检测

首先是高斯函数尺度处理，一个图像的尺度空间 L 定义为一个高斯核函数 G 与原图像 I 的卷积。

$$G(x,y,\sigma)=\frac{1}{2\pi\sigma^2}e^{-\frac{x^2+y^2}{2\sigma^2}} \tag{7-1}$$

$$L(x,y,\sigma)=G(x,y,\sigma)*I(x,y) \tag{7-2}$$

根据 3σ 原则，使用 $N\times N$ 的模板对图像进行扫描，如图 7-2 所示。其中 $N=6\sigma+1$，且向上取最邻近的奇数。

直接与图像卷积的话，计算量较大，会导致速度变慢；同时随着 σ 越大，图像边缘信息也就损失更严重，会出现黑边。因此根据高斯函数的可分离性，对二维高斯函数进行改进。

高斯函数的可分离特性是指使用二维矩阵变换得到的效果也可以通过在水平方向进行一维高斯矩阵变换加上竖直方向的一维高斯矩阵变换得到，如图 7-3 所示。

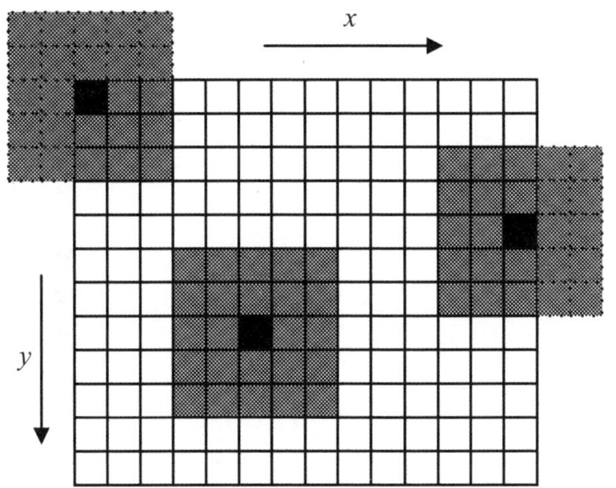

图 7-2 二维高斯卷积

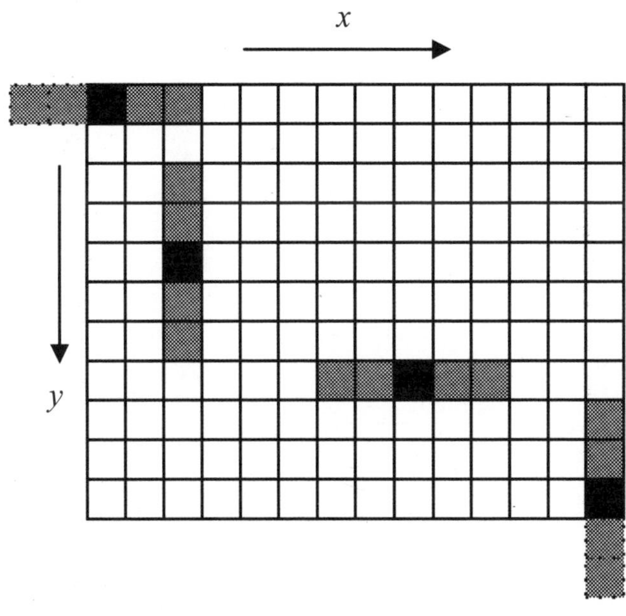

图 7-3 分离高斯卷积

因此分离高斯卷积只需要 $O(n \times M \times N)+O(m \times M \times N)$ 次运算，而二维高斯卷积则需要 $O(m \times n \times M \times N)$ 次计算。其中 m，n 为高斯矩阵的维数，M，N 为图像的维数。

此外，两次一维的高斯卷积将消除二维高斯卷积所产生的黑边。

高斯图像金字塔，构建图像金字塔原理：对图像进行下采样。SIFT 算法的下采样因子为 2，图像尺寸逐层减半。

高斯函数可以对图像进行不同尺度的模糊，图像金字塔可以对图像进行尺寸的变换。将其二者组合就形成了高斯图像金字塔。

高斯图像金字塔每层有若干图像，这些图像的模糊程度不同，尺寸相同，高斯图像金字塔示意图如 7-4 所示。

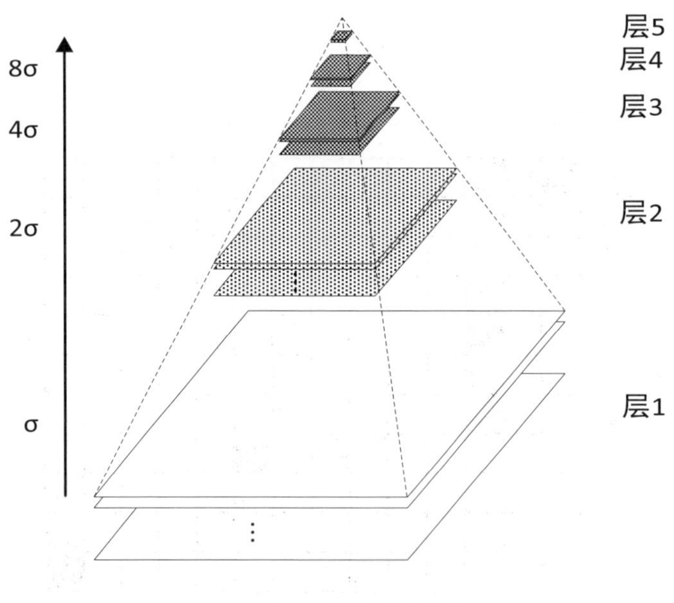

图 7-4　高斯图像金字塔

金字塔的层数 n 由原始图像大小和塔顶图像的大小共同决定，其计算公式如下。其中 M，N 为原图像的大小，t 为塔顶图像的最小维度的对数值。

$$n=\log_2\{\min(M,N)\}-t,\quad t\in[0,\log_2\{\min(M,N)\}]\tag{7-3}$$

将图像金字塔中每层的多张图像合称为一组 (octave)，组数和金字塔的层数相等。每组中含有多张 (或层，interval) 图像。

高斯金字塔后一组图像的初始图像 (底层图像) 是由前一组图像的倒数第三张图像隔点采样得到的。

然后是高斯差分 (DOG) 金字塔，差分金字塔是在高斯金字塔的基础上操作的，如图 7-5 所示。其建立过程是，在高斯金字塔中的每组中相邻两层相减 (下一层减上一层) 就生成了高斯差分金字塔。

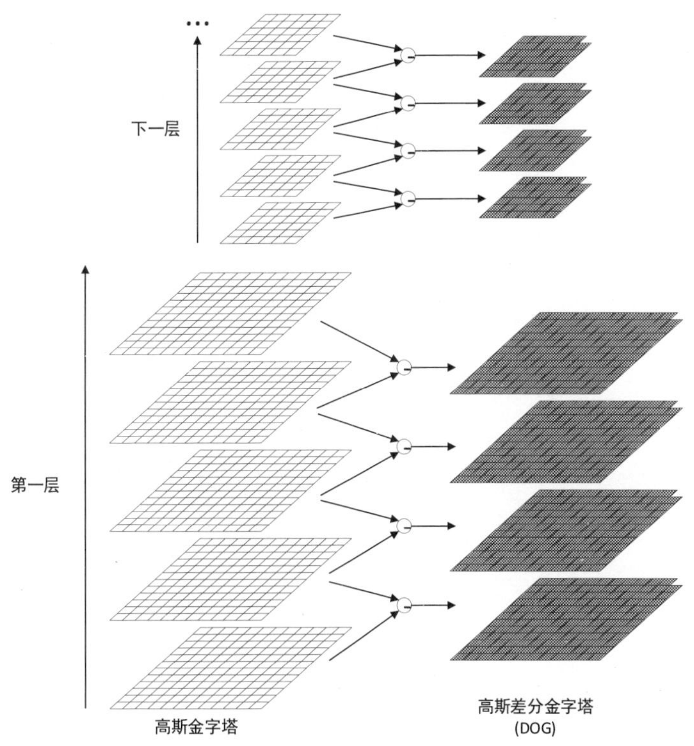

图 7-5 高斯差分金字塔

高斯差分金字塔的计算公式如下，其中 S 为组内层数。

$$D(x,y,\sigma)=(G(x,y,k\sigma)-G(x,y,\sigma))*I(x,y)=L(x,y,k\sigma)-L(x,y,\sigma),k=2^{\frac{1}{S}} \quad (7\text{-}4)$$

空间极值点检测，关键点是由 DOG 空间的局部极值点组成的。为了寻找 DOG 空间的极值点，需要让每一个像素和它所有的相邻点，包括前后两层和本层中的相邻点共 26 个点进行比较，若符合极大值或极小值，则此点为极值点，其示意图如 7-6 所示。

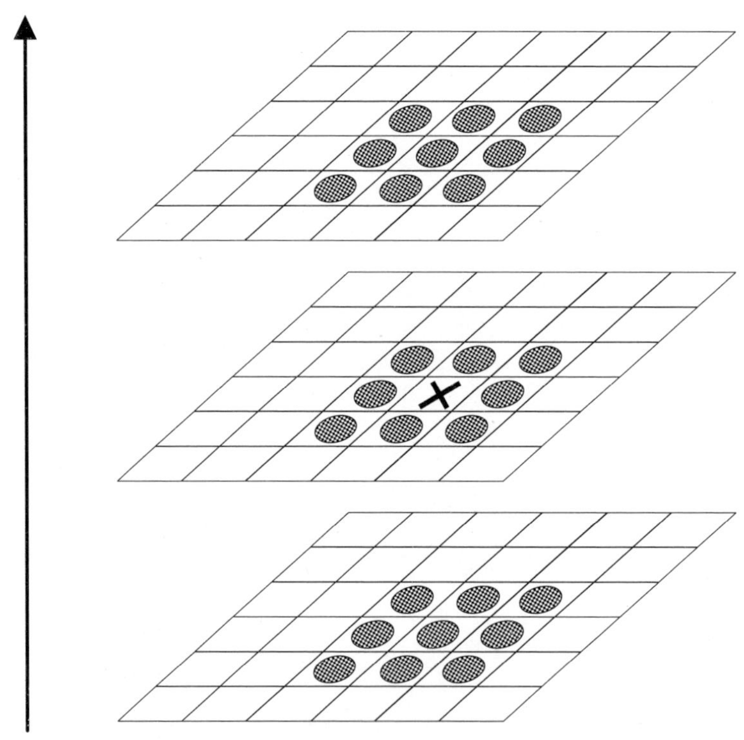

图 7-6　空间极值点检测

由于需要在相邻尺度进行比较，为了在每组中检测 S 个尺度的极值点，则 DOG 金字塔每组需要 S+2 层图像，而 DOG 金字塔由高斯金字塔相邻两层相减得到，则高斯金字塔每组需要 S+3 层图像，实际计算时 S 一般在 3 到 5 之间，示意图如 7-7 所示。

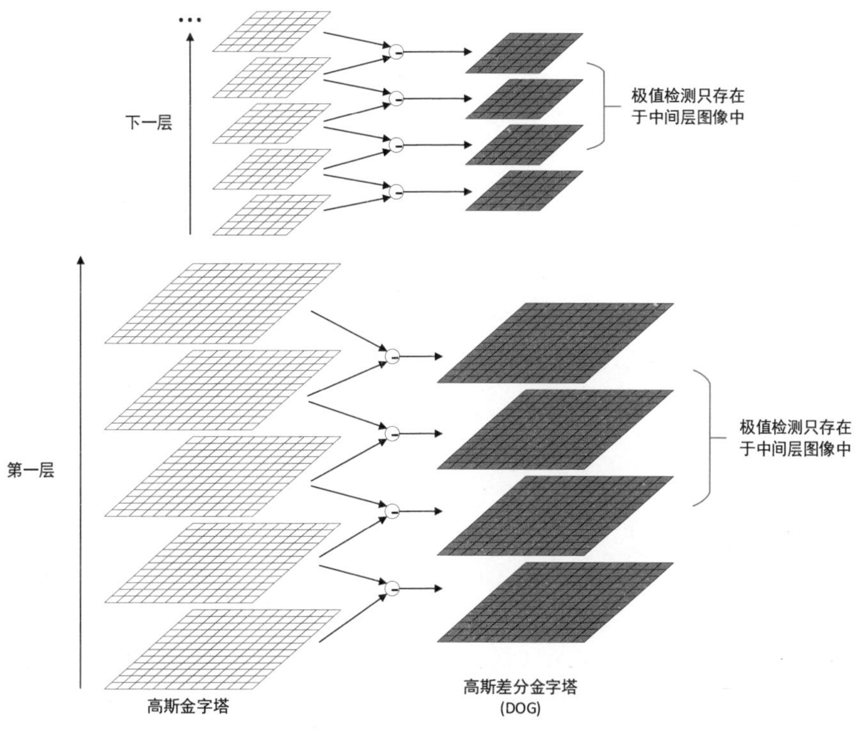

图 7-7 极值点检测在高斯差分金字塔中的位置

构建尺度空间需要确定以下参数：

- σ——模糊系数
- O——组数
- S——组内层数

三者关系如下：

$$\sigma(o,s)=\sigma_0 2^{o+\frac{s}{S}}, o\in[0,\cdots,O-1], s\in[0,\cdots,S+2] \tag{7-5}$$

其中 σ_0 为基准层尺度，o 为组 Octave 的索引，s 为组内层的索引。

在构建高斯金字塔时，组内每层的尺度坐标按照如下公式计算。其中 σ_0 基准层尺度，取 1.6，$S=3$，s 为组内的层索引：

$$\sigma(s)=\sqrt{(k^s\sigma_0)^2-(k^{s-1}\sigma_0)^2},k=2^{\frac{1}{S}} \tag{7-6}$$

不同组相同层的尺度坐标 $\sigma(s)$ 相同，组内下一层图像是由前一层图像按 $\sigma(s)$ 进行高斯模糊获得，上式用于生成组内不同尺度的高斯图像，而在计算组内某一层图像的尺度时，直接使用下式进行计算。

$$\sigma\_oct(s)=\sigma_0 2^{\frac{s}{S}},s\in[0,\cdots,S+2] \tag{7-7}$$

7.2.1.2　关键点搜索与定位

前面检测到的极值点是离散空间的极值点，不一定是真正的极值点，如图 7-8 所示。因此在这一步利用已知的离散空间点做插值，将离散空间转换为连续空间，得到更加准确的极值点。同时除去低对比度的关键点和不稳定的边缘响应点。

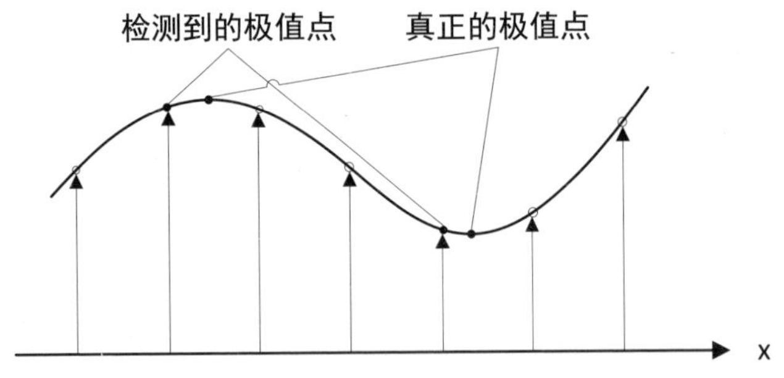

图 7-8　极值点位置

关键点精确定位，为了提高关键点的稳定性，需要对尺度空间 DOG 函数进行曲线拟合。利用 DOG 函数在尺度空间的泰勒展开式。

$$D(X)=D(X_0)+\frac{\partial D}{\partial X^T}X+\frac{1}{2}X^T\frac{\partial^2 D}{\partial X^2}X \tag{7-8}$$

求导并让方程为 0，则可得到极值点的偏移量如下：

$$\hat{X}=-\frac{\partial^2 D^{-1}}{\partial X^2}\frac{\partial D}{\partial X} \tag{7-9}$$

当它在任一维度上的偏移量大于 0.5 时 (即 x 或 y 或 σ)，意味着插值中心已经偏移到它的邻近点上，所以必须改变当前关键点的位置。同时在新的位置上反复插值直到收敛；也有可能超出所设定的迭代次数或者超出图像边界的范围，此时这样的点应该删除。

对应极值点，方程的值如下：

$$(\hat{X})=D(X_0)+\frac{1}{2}\frac{\partial D}{\partial X^T} \tag{7-10}$$

$|D(x)|$ 过小的点易受噪声的干扰而变得不稳定，所以将 $|D(x)|$ 小于某个值如 (0.03) 的极值点删除。同时，在此过程中获取特征点的精确位置 (原位置加上拟合的偏移量) 以及尺度。

去除边缘响应，DOG 算子会产生较强的边缘效应，需要剔除不稳定的边缘响应点。DOG 函数的峰值点在边缘方向有较大的主曲率，而在垂直边缘的方向有较小的主曲率。主曲率可以通过计算在该点位置尺度的 2×2 的 Hessian 矩阵 H 得到：

$$H=\begin{bmatrix} D_{xx} & D_{xy} \\ D_{xy} & D_{yy} \end{bmatrix} \tag{7-11}$$

假设 H 的特征值为 α 和 β(α、β 代表 x 和 y 方向的梯度) 且 $\alpha>\beta$。令 $\alpha=r\beta$ 则有：

$$\begin{cases} Tr(H)=D_{xx}+D_{yy}=\alpha+\beta \\ Det(H)=D_{xx}D_{yy}-(D_{xy})^2=\alpha\beta \end{cases} \tag{7-12}$$

$$\frac{Tr(H)^2}{Det(H)}=\frac{(\alpha+\beta)^2}{\alpha\beta}=\frac{(r\beta+\beta)^2}{r\beta^2}=\frac{(r+1)^2}{r} \tag{7-13}$$

D的主曲率和H的特征值成正比，且$\alpha>\beta$，则公式$(r+1)^2/r$在两个特征值相等时最小，反之越大。说明两个特征值的比值越大，即在某一个方向的梯度值越大，而在另一个方向的梯度值越小，而边缘恰恰就是这种情况。所以为了剔除边缘响应点，需要让该比值小于一定的阈值，因此，为了检测主曲率是否在某域值r下，只需检测：

$$\frac{Tr(H)^2}{Det(H)}<\frac{(r+1)^2}{r} \tag{7-14}$$

此式成立时将关键点保留，否则剔除。一般$r=10$。

7.2.1.3 关键点方向分配

前两步操作使得关键点有了尺度不变性，为了使关键点具有旋转不变性，需要利用图像的局部特征为给每一个关键点分配一个基准方向。使用图像梯度的方法求取局部结构的稳定方向。对于在 DOG 金字塔中检测出的关键点，采集其所在高斯金字塔图像 3σ 邻域窗口内像素的梯度和方向分布特征。梯度的幅值和方向如下：

$$m(x,y)=\sqrt{(L(x+1,y)-L(x-1,y))^2+(L(x,y+1)-L(x,y-1))^2} \tag{7-15}$$

$$\theta(x,y)=\tan^{-1}\left[\frac{L(x,y+1)-L(x,y-1)}{L(x+1,y)-L(x-1,y)}\right] \tag{7-16}$$

L 为关键点所在的尺度空间值，梯度的幅值 $m(x,y)$ 按 $\sigma=1.5\sigma\_oct$ 的高斯分布加成，按尺度采样的 3σ 原则，邻域窗口半径为 $3\times1.5\sigma\_oct$。

在完成关键点的梯度计算后，使用直方图统计邻域内像素的梯度和方向。梯度直方图将 0~360 度的方向范围分为 36 个柱，其中每柱 10 度。直方图的峰值方向代表了关键点的主方向，如图 7-9 所示。

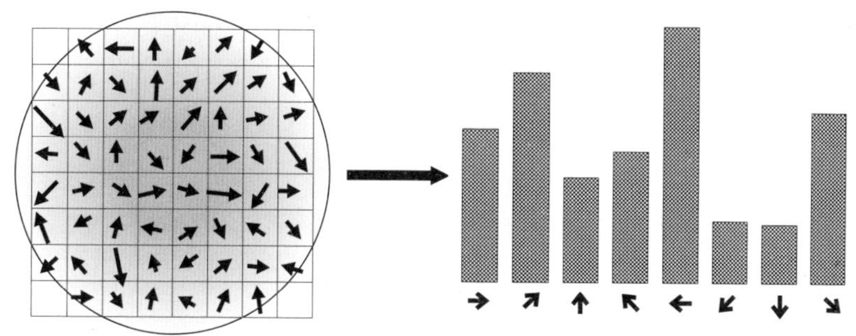

图 7-9 梯度直方图

方向直方图的峰值则代表了该特征点处邻域梯度的方向，以直方图中最大值作为该关键点的主方向。为了增强匹配的鲁棒性，只保留峰值大于主方向峰值 80% 的方向作为该关键点的辅方向，如图 7-10 所示。因此，对于同一梯度值的多个峰值的关键点位置，在相同位置和尺度将会有多个关键点被创建但方向不同。仅有 15% 的关键点被赋予多个方向，但可以显著提高关键点匹配的稳定性。实际编程实现中，就是把该关键点复制成多份关键点，并将方向值分别赋给这些复制后的关键点，并且，离散的梯度方向直方图要进行插值拟合处理，以求得更精确的方向角度值。

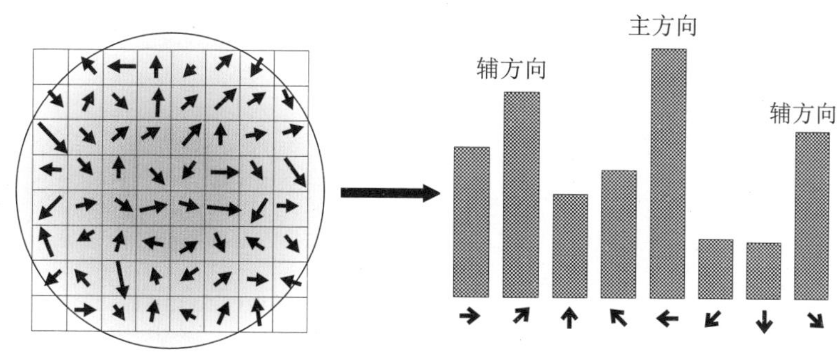

图 7-10 关键点主方向与辅方向

7.2.1.4 关键点特征描述

通过以上步骤，对于每一个关键点，拥有三个信息：位置、尺度以及方向。接下来为每个关键点建立一个描述符，用一组向量将这个关键点描述出来，使其不随各种变化而改变，比如光照变化、视角变化等。这个描述子不但包含关键点，也包含关键点周围对其有贡献的像素点，并且描述符应该有较高的独特性，以便于提高特征点正确匹配的概率。

SIFT 描述子是关键点邻域高斯图像梯度统计结果的一种表示。通过对关键点周围图像区域分块，计算块内梯度直方图，生成具有独特性的向量，这个向量是该区域图像信息的一种抽象，具有唯一性。

计算描述子所需的图像区域，特征描述子与特征点所在尺度有关。因此，对梯度的求取应在特征点对应的高斯图像上进行。将关键点附近的邻域划分为 $d \times d(4 \times 4)$ 个子区域，每个子区域作为一个种子点，每个种子点有 8 个方向，共 $4 \times 4 \times 8=128$ 维向量表征。每个子区域的大小与关键点方向分配时相同，即每个区域有 $3\sigma\_oct$ 个子像素，为每个子区域分配边长为 $3\sigma\_oct$ 的矩形区域进行采样。考虑到实际计算时，需要采用三维线性插值，所需图像窗口边长为 $3\sigma\_oct \times (d+1)$ 。考虑到旋转因素（如图 7-11 所示），实际计算所需的图像区域半径如下：

$$\text{radius} = \frac{3\sigma\_oct \times \sqrt{2} \times (d+1)}{2} \tag{7-17}$$

计算结果四舍五入取整。

将坐标轴旋转为关键点方向，如图 7-12 所示，将坐标轴旋转为关键点的方向，以确保旋转不变性。旋转后邻域内采样点的新坐标如下：

$$\begin{bmatrix} x' \\ y' \end{bmatrix} = \begin{bmatrix} \cos\theta & -\sin\theta \\ \sin\theta & \cos\theta \end{bmatrix} \begin{bmatrix} x \\ y \end{bmatrix}, (x, y \in [-\text{radius}, \text{radius}]) \tag{7-18}$$

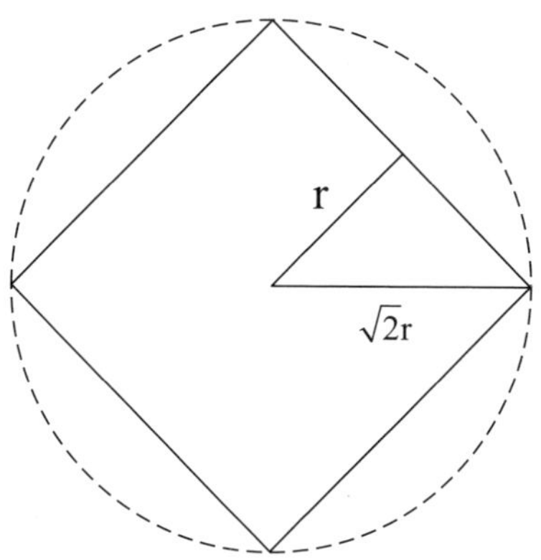

图 7-11 旋转引起的邻域半径变化

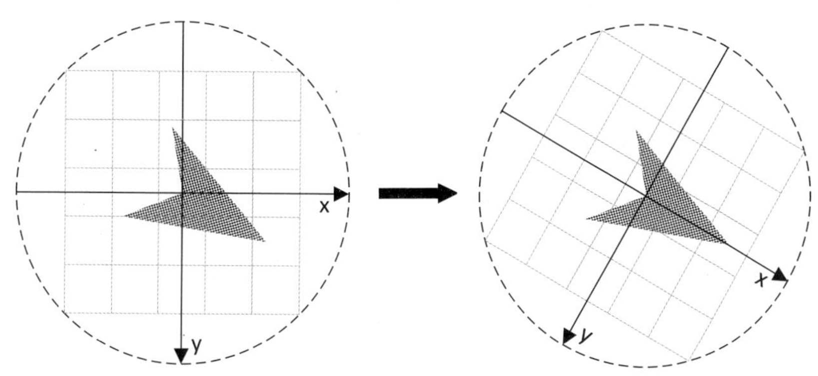

图 7-12 关键点坐标方向

将邻域内的采样点分配到对应的子区域内，将子区域内的梯度值分配到 8 个方向上，计算其权值。旋转后的采样点坐标在半径为 radius 的圆内被分配到 $d \times d$ 的子区域，计算影响子区域的采样点的梯度和方向，分配到 8 个方向上。旋转后的采样点落在子区域的下标如下：

$$\begin{bmatrix} x'' \\ y'' \end{bmatrix} = \frac{1}{3\sigma\_oct} \begin{bmatrix} x' \\ y' \end{bmatrix} + \frac{d}{2} \tag{7-19}$$

子区域的像素梯度大小一般按 σ=0.5d 的高斯加权计算。其中 a，b 为关键点在高斯金字塔图像中的位置坐标。

$$w = m(a+x,\ b+y) * e^{-\frac{x'^2+y'^2}{2(0.5d)^2}} \tag{7-20}$$

插值计算每个种子 8 个方向的梯度，如图 7-13 所示，将所得采样点在子区域中的下标 (x",y")(图 7-13 中蓝色窗口内红色点) 线性插值，计算其对每个种子点的贡献。如图中的红色点，落在第 0 行和第 1 行之间，对这两行都有贡献。对第 0 行第 3 列种子点的贡献因子为 dr，对第 1 行第 3 列的贡献因子为 1−dr，同理，对邻近两列的贡献因子为 dc 和 1−dc，对邻近两个方向的贡献因子为 do 和 1−do。则最终累加在每个方向上的梯度大小如下：

$$\text{weight} = w * dr^k * (1-dr)^{1-k} * dc^m * (1-dc)^{1-m} * do^n * (1-do)^{1-n},\ k,\ m,\ n = 0\text{或}1 \tag{7-21}$$

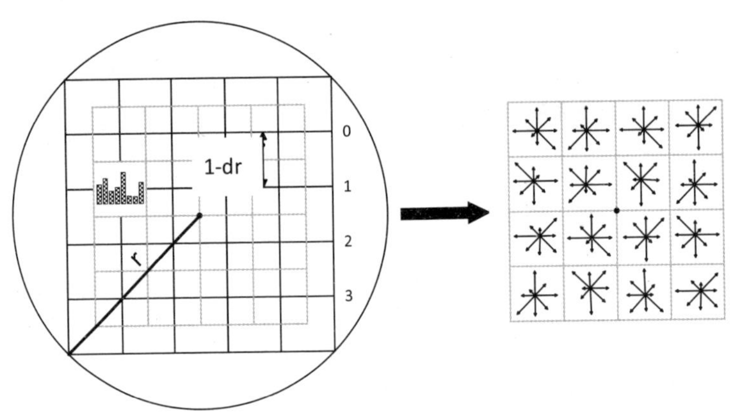

图 7-13　种子方向梯度计算

向量归一化与门限化描述如下。

- 归一化：如上统计的 4×4×8=128 个梯度信息即为该关键点的特征向量。特征向量形成后，为了去除光照变化的影响，需要对他们进行归一化处理。对于图像灰度值整体漂移，图像各点的梯度是邻域像素相减得到，所以也能去除。

- 门限化：由于非线性光照，相机饱和度变化会造成某些方向的梯度值过大，而对方向的影响较弱。因此设置门限值(在向量归一化后，一般为 0.2)截取较大的梯度值。然后再进行一次归一化处理，提高特征的鉴别性。最后按特征点的尺度对特征描述向量进行排序。至此，SIFT 特征描述向量生成。

如图 7-14 所示，OpenCV 实现了一个 SIFT 类来提取 SIFT 特征。2020 年 3 月 7 日 SIFT 的专利保护失效后，SIFT 的相关代码从 opencv_contrib 仓库移入 OpenCV 仓库。

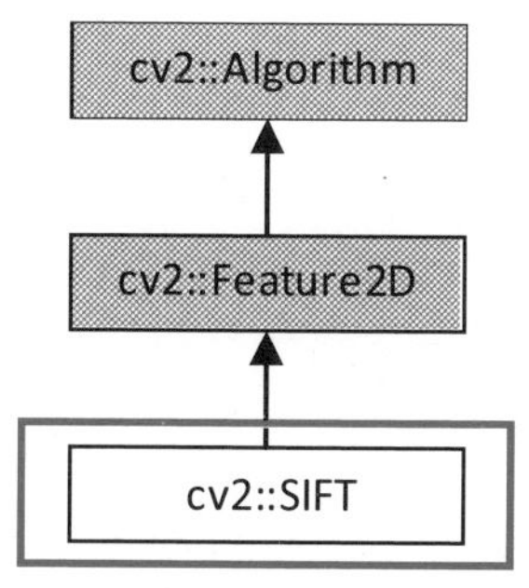

图 7-14　SIFT 类

(1) 构建 SIFT 类对象。

```
retval = cv2.SIFT.create([nfeatures[, nOctaveLayers[, contrastThreshold
[, edgeThreshold[, sigma]]]]])
```

- nfeatures：要保留的最佳特征的数量。
- nOctaveLayers：每个 octave 的层数，原算法中为 3。
- contrastThreshold：滤掉弱特征的对比度阈值。
- edgeThreshold：滤掉类似边缘特征的阈值。
- sigma：对第 0 个 octave 进行高斯滤波的 sigma。

或：

```
retval = cv2.SIFT.create(nfeatures, nOctaveLayers, contrastThreshold,
edgeThreshold, sigma, descriptorType)
```

- nfeatures：要保留的最佳特征的数量。
- nOctaveLayers：每个 octave 的层数，原算法中为 3。
- contrastThreshold：滤掉弱特征的对比度阈值。
- edgeThreshold：滤掉类似边缘特征的阈值。
- sigma：对第 0 个 octave 进行高斯滤波的 sigma。
- descriptorType：特征描述子的类型，只支持 CV_32F 和 CV_8U。

(2) 检测图中关键点。

```
keypoints = cv2.Feature2D.detect(image[, mask])
```

```
keypoints = cv2.Feature2D.detect(images[, masks])
```

- image：进行特征提取的图像。
- mask：用于设置特征提取图像区域的掩码，为 8 位整型类型的矩阵。
- keypoints：检测出的关键点。

(3) 绘制关键点。

```
outImage = cv2.drawKeypoints(image, keypoints, outImage[, color[, flags]])
```

- image：原图。
- keypoints：原图中的关键点。
- color：绘制关键点的颜色。
- flags：如何绘制特征的标志，可以为：

  cv2.DRAW_MATCHES_FLAGS_DEFAULT

  创建 outImage。两幅原图、匹配的特征和单个的关键点将被绘制：

  cv2.DRAW_MATCHES_FLAGS_DRAW_RICH_KEYPOINTS

不创建 outImage，直接在现有的 outImage 内容上绘制：

cv2.DRAW_MATCHES_FLAGS_DRAW_OVER_OUTIMG

不绘制单一的关键点。

cv2.DRAW_MATCHES_FLAGS_NOT_DRAW_SINGLE_POINTS

每一个关键点将绘制代表其大小和方向的圆。

- outImage：绘制关键点后的图像。

(4) 由关键点计算特征描述。

```
keypoints, descriptor = cv2.Feature2D.compute(image, keypoints)
```

```
keypoints, descriptors = cv2.Feature2D.compute(images, keypoints)
```

- image：输入图像。
- keypoints：输入的关键点集。
- descriptors：计算出的特征描述。

(5) 直接计算关键点和特征描述。

```
keypoints, descriptors = cv2.Feature2D.detectAndCompute(image, mask
[, keypoints[, useProvidedKeypoints]])
```

- image：原图。
- mask：设置特征提取图像区域的掩码。
- keypoints：检测出的关键点。
- useProvidedKeypoints：是否使用提供的关键点，默认为 false。
- descriptors：计算出的特征描述。

7.2.2 特征匹配

简而言之，特征匹配就是通过相似度找出两幅含有相同物体的图像对应的特征点（计算相似度）。这些特征点即前面介绍的特征提取得到的图像特征。特征匹配是许多计算机视觉应用的一部分，例如图像配准、相机标定等。

暴力匹配计算一个特征描述子与其他所有特征描述子之间的距离，然后对距离进行排序，取距离最近的作为匹配点。

如图 7-15 所示，OpenCV 提供了 BFMatcher 类来完成暴力匹配。

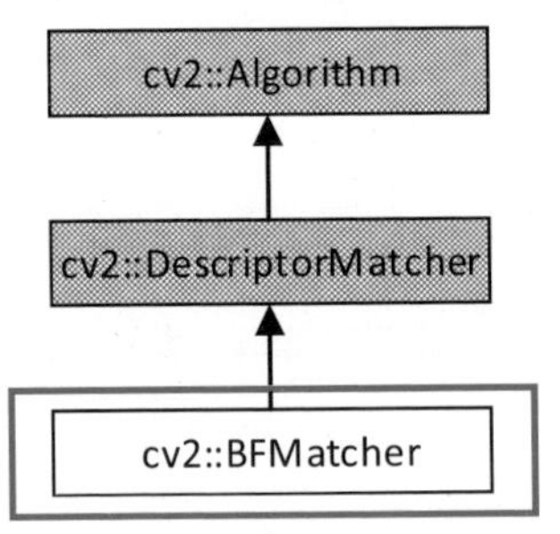

图 7-15　BFMatcher 类

使用 BFMatcher 类进行特征匹配主要流程。

(1) 创建 BFMatcher 对象。

```
retval = cv2.BFMatcher_create([normType[, crossCheck]])
```

- normType：设定距离类型。默认为 cv.NORM_L2，适合 SIFT、SURF 等特征；如果特征为 ORB、BRIEF、BRISK 等，则应使用汉明距离 cv.NORM_HAMMING。
- crossCheck：如果为 false，则表示对每一个特征点寻找 k 个最近邻；如果为 true，那么 k = 1 时仅返回 (i, j) 配对。
- retval：BFMatcher 类对象。

(2) 进行特征匹配。

```
matches = cv2.DescriptorMatcher.match(queryDescriptors, trainDescriptors[, masks])
```

- queryDescriptors：目标特征点集。
- trainDescriptors：要匹配的特征点集。
- masks：指定两个特征点集间允许的匹配。
- matches：得出的匹配的特征点集。

(3) 每个描述子找出 k 个最佳匹配特征匹配。

```
matches = cv2.DescriptorMatcher.knnMatch(queryDescriptors, trainDescriptors,
k[, masks[, compactResult]])
```

- queryDescriptors：目标特征点集。
- trainDescriptors：要匹配的特征点集。
- k：每一个目标特征点要找 k 个最佳匹配。
- masks：指定两个特征点集间允许的匹配。
- compactResult：当 masks 不为空的时候设置。如果为 false，matches 向量的长度与 queryDescriptors 的行数相同。如果为 true，则 matches 不包含 mask 中除去的特征点。
- matches：得出的匹配的特征点集。每个 matches[i] 有最多有 k 个匹配的特征点。

(4) 绘制匹配的特征点。

```
outImg = cv2.drawMatches(img1, keypoint1, img2, keypoint2, matches1to2,
outImg[, matchColor[, singlePointColor[,matchesMask[, flags]]]])
```

- img1：第一幅图像。
- keypoints1：第一幅图像中的特征点。
- img2：第二幅图像。
- keypoints2：第二幅图像中的特征点。
- mathes1to2：第一幅图像特征点到第二幅图像特征点的匹配。
- outImg：输出图像，具体内容依赖于 flags 的值。

- matchColor：匹配的线和关键点的颜色。
- singleColor ：单独未匹配的关键点的颜色。
- mathesMask：设定绘制哪些匹配的特征点。
- flags：绘制的设定。

快速最近邻法 (Fast Library for Approximate Nearest Neighbors) 包含了在大数据量时以及对高维特征的快速最近邻搜索的一组优化算法。在大数据量时，FLANN 比 BFMatcher 速度快。

如图 7-16 所示，OpenCV 提供了基于 FLANN 的特征匹配实现类 cv.FlannBasedMatcher。

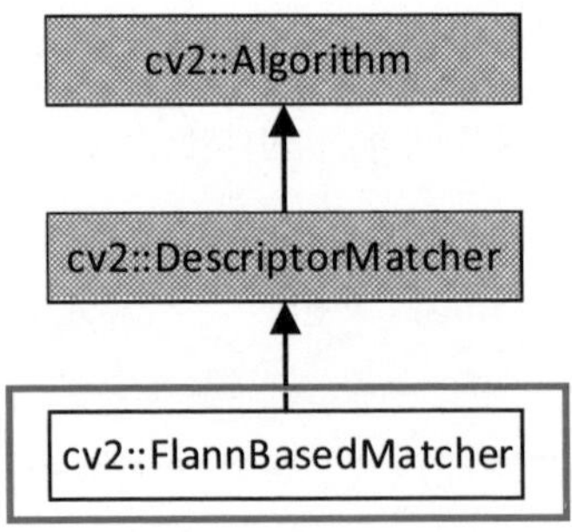

图 7-16 FlannBasedMatcher 类

(5) FLANN 的调用方法与 BFMatcher 类似。

```
flann = cv2.FlannBasedMatcher(indexParams, searchParams)
```

indexParams 设定算法。对于 SIFT、SURF 等，可以传入：

```
FLANN_INDEX_KDTREE = 1
index_params = dict(algorithm = FLANN_INDEX_KDTREE, trees = 5)
```

对于 ORB，可以传入：

```
FLANN_INDEX_LSH = 6
```

```
index_params = dict(algorithm = FLANN_INDEX_LSH, table_number = 6,
key_size = 12, multi_probe_level = 1)
```

searchParams 设定 index 中树递归遍历的次数，如 search_params = dict(checks=100)。

7.3 特征提取与匹配示例

相关示例如下。

7.3.1 实验准备

本章的实践所使用的硬件和软件环境请参照第 I 部分实践环境部分进行配置。

7.3.2 SIFT 特征提取实例

本实验所需文件：sift.py

本实验依赖库：OpenCV-Python(即 cv2) 和 Numpy

7.3.2.1 代码实现

代码实现如下。

```
#!/usr/bin/env python3
# encoding:utf-8
import cv2 as cv
import numpy as np
def main():
    # 读取图像
    img = cv.imread('box_in_scene.png')
    cv.imshow('box_in_scene', img)
    # 将图像转为灰度图
    gray = cv.cvtColor(img, cv.COLOR_BGR2GRAY)
```

```
    sift = cv.SIFT_create()
    # 计算 SIFT 关键点
    kp = sift.detect(gray, None)
    # 绘制关键点
    cv.drawKeypoints(gray, kp, img)
    cv.imshow('sift_keypoints_1', img)
    # 绘制关键点（大小和方向）
    cv.drawKeypoints(gray, kp, img, flags = cv.DRAW_MATCHES_FLAGS_DRAW_
RICH_KEYPOINTS)
    cv.imshow('sift_keypoints_2', img)
    cv.waitKey()
    cv.destroyAllWindows()
if __name__ == '__main__':
    main()
```

7.3.2.2　运行示例

我们可以按照下面的步骤进行实践。

(1) 首先按照第 I 部分要求进行硬件和软件环境配置，如果环境已经配置，本步可以跳过。

(2) 通过 cd 指令进入到存放有指定 sift.py 文件的文件目录下（假定文件按照第 I 部分的路径组织，该文件目录处于 Ubuntu 系统的桌面中的 examples 母文件夹中的子文件夹 05 中，如图 7-17 所示。实际操作中读者可根据具体文件所在位置进入对应的路径下）。

图 7-17　进入指定路径

(3) 使用 python3 命令运行 sift.py 文件，如图 7-18 所示。

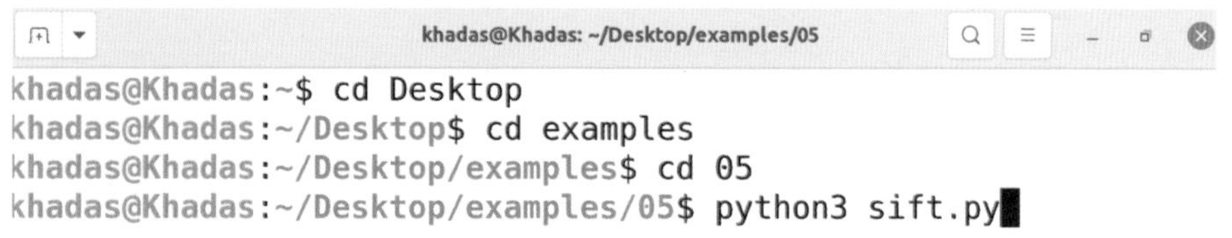

图 7-18　运行相应文件

(4) 实验结果。

在 sift.py 代码中，我们通过 OpenCV 提供的库函数 sift.detect(gray, None) 来计算 SIFT 关键点，并通过库函数 cv.drawKeypoints(gray, kp, img) 和 cv.drawKeypoints(gray, kp, img, flags = cv.DRAW_MATCHES_FLAGS_DRAW_RICH_KEYPOINTS) 来进行关键点和关键点梯度方向及大小的绘制，结果如图 7-19 所示。

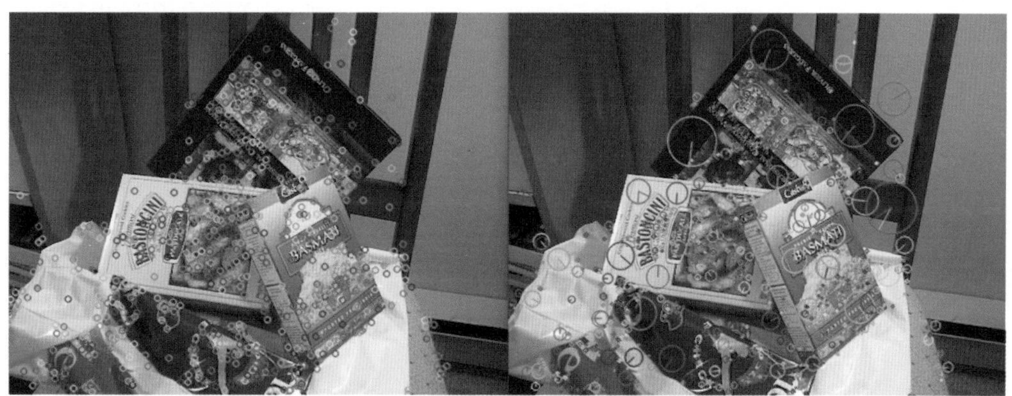

图 7-19　SIFT 特征提取示例运行结果

7.3.3　暴力匹配方法实例

本实验所需文件：bfmatch.py

本实验依赖库：OpenCV-Python(即 cv2) 和 Numpy

7.3.3.1 代码实现

代码实现如下。

```
#!/usr/bin/env python3
# encoding:utf-8
import numpy as np
import cv2 as cv
def main():
    # 读取图像，提取 SIFT 特征
    img1 = cv.imread('box.png', cv.IMREAD_GRAYSCALE)
    img2 = cv.imread('box_in_scene.png', cv.IMREAD_GRAYSCALE)
    sift = cv.SIFT_create()
    kp1, des1 = sift.detectAndCompute(img1, None)
    kp2, des2 = sift.detectAndCompute(img2, None)
    # 特征匹配
    bf = cv.BFMatcher()
    matches = bf.knnMatch(des1, des2, k = 2)
    # 绘制，显示
    good = []
    for m, n in matches:
        if m.distance < 0.75 * n.distance:
            good.append([m])
    img3 = cv.drawMatchesKnn(img1, kp1, img2, kp2, good, None, flags = 
cv.DrawMatchesFlags_NOT_DRAW_SINGLE_POINTS)
    cv.imshow('Matches', img3)
    cv.waitKey()
    cv.destroyAllWindows()
if __name__ == '__main__':
    main()
```

7.3.3.2 运行示例

我们可以按照下面的步骤进行实践。

(1) 首先按照第 I 部分要求进行硬件和软件环境配置，如果环境已经配置，本步可以跳过。

(2) 通过 cd 指令进入到存放有指定 bfmatch.py 文件的文件目录下 (假定文件按照第 I 部分的路径组织，该文件目录处于 Ubuntu 系统的桌面中的 examples 母文件夹中的子文件夹 05 中，如图 7-20 所示。实际操作中读者可根据具体文件所在位置进入对应的路径下)。

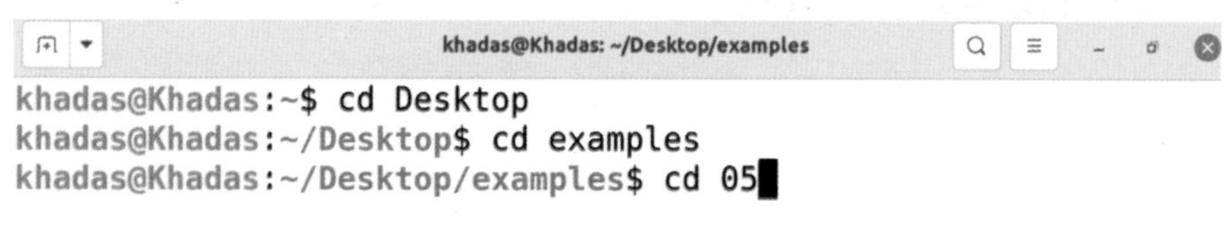

图 7-20 进入指定路径

(3) 使用 python3 命令运行 bfmatch.py 文件，如图 7-21 所示。

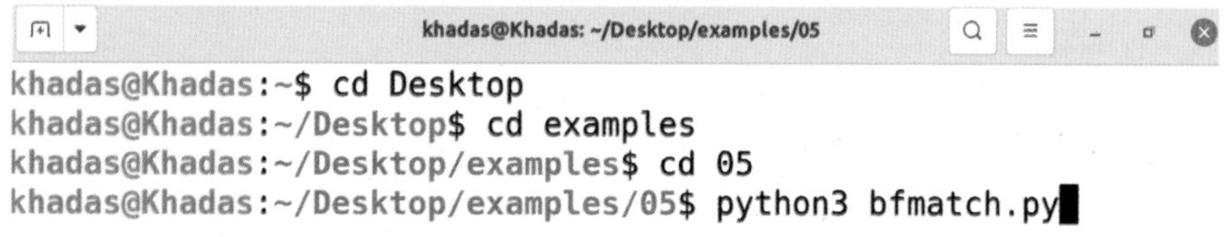

图 7-21 运行相应文件

(4) 实验结果。

在 bfmatch.py 代码中，我们通过 OpenCV 提供的库函数 cv.BFMatcher() 来进行暴力特征匹配，并通过库函数 cv.drawMatchesKnn(img1, kp1, img2, kp2, good, None, flags = cv.DrawMatchesFlags_NOT_DRAW_SINGLE_POINTS) 将匹配结果绘制在原图中，结果如图 7-22 所示。

图 7-22　暴力匹配方法示例运行结果

7.3.4　快速最近邻方法实例

本实验所需文件：flann.py

本实验依赖库：OpenCV 和 Numpy(详细介绍可参考 7.3.2 节)。

7.3.4.1　代码实现

代码实现如下。

```
#!/usr/bin/env python3
# encoding:utf-8
import numpy as np
import cv2 as cv
def main():
    # 读取图像
    img1 = cv.imread('box.png', cv.IMREAD_GRAYSCALE)
    img2 = cv.imread('box_in_scene.png', cv.IMREAD_GRAYSCALE)
    # 提取 SIFT 特征
    sift = cv.SIFT_create()
```

```
    kp1, des1 = sift.detectAndCompute(img1, None)
    kp2, des2 = sift.detectAndCompute(img2, None)
    # FLANN 参数
    FLANN_INDEX_KDTREE = 1
    index_params = dict(algorithm = FLANN_INDEX_KDTREE, trees = 5)
    search_params = dict(checks = 50)
    flann = cv.FlannBasedMatcher(index_params, search_params)
    matches = flann.knnMatch(des1, des2, k = 2)
    # 只绘制好的匹配，所以创建一个掩膜
    matchesMask = [[0,0] for i in range(len(matches))]
    # 比率测试
    for i, (m, n) in enumerate(matches):
        if m.distance < 0.7 * n.distance:
            matchesMask[i] = [1, 0]
    draw_params = dict(matchColor = (0, 255, 0),
                       singlePointColor = (0, 0, 255),
                       matchesMask = matchesMask,
                       flags = cv.DrawMatchesFlags_DEFAULT)
    img3 = cv.drawMatchesKnn(img1, kp1, img2, kp2, matches, None, **draw_params)
    cv.imshow('Matches', img3)
    cv.waitKey()
    cv.destroyAllWindows()
if __name__ == '__main__':
    main()
```

7.3.4.2 操作示例

在 7.3.2 节实验的基础上，可以直接进行下面的步骤。如果设备断电关机，则需要参考 7.3.2 节实验的运行示例部分操作。

(1) 通过 cd 指令进入存放有 flann.py 的文件目录下，如图 7-23 所示。

图 7-23　进入指定路径

(2) 使用 python3 命令运行 flann.py 文件，如图 7-24 所示。

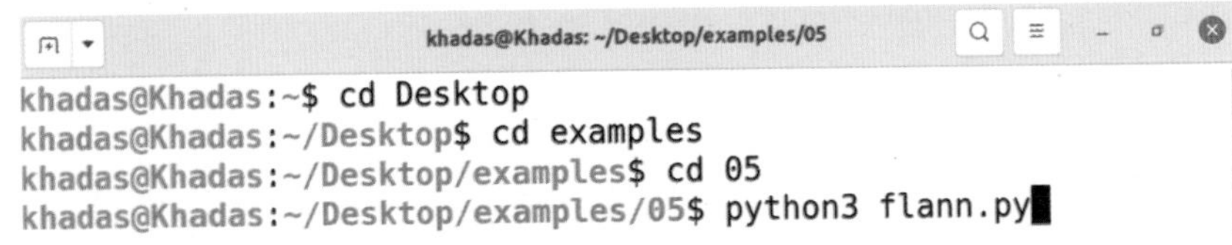

图 7-24　运行相应文件

(3) 实验结果。

在 flann.py 代码中，我们通过 OpenCV 提供的库函数 cv.FlannBasedMatcher(index_params, search_params) 来进行快速最近邻特征匹配，并通过库函数 cv.drawMatchesKnn(img1, kp1, img2, kp2, matches, None, **draw_params) 将匹配结果绘制在原图中，结果如图 7-25 所示。

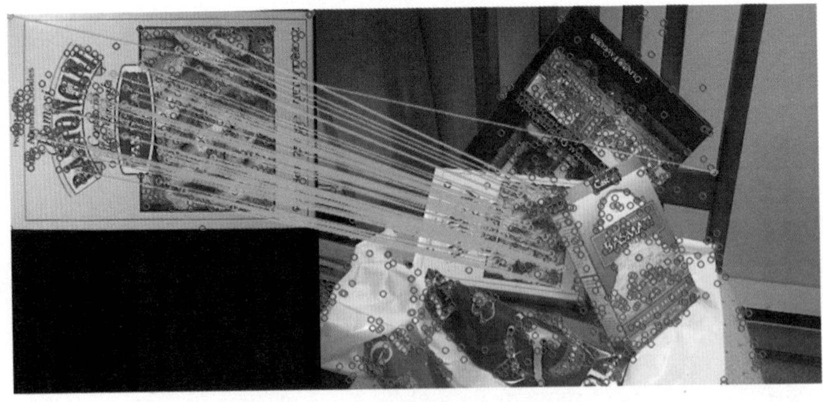

图 7-25　快速最近邻方法示例结果

7.4 小结

总的来说，特征提取与匹配在计算机视觉、自然语言处理和信号处理等领域中具有重要作用，用于将原始数据转化为更具有表征能力的形式，并在不同数据之间寻找相似性。本章主要介绍了特征提取的概念、方法以及如何进行特征匹配的技术。

特征提取是从原始数据中提取最具代表性信息的过程。在计算机视觉中，图像特征可以是边缘、角点、纹理等。在自然语言处理中，文本特征可以是词频、词向量等。特征提取的目标是将高维的原始数据转化为低维的特征向量，以便更好地进行后续分析和处理。

特征匹配是将不同数据中的特征进行对应的过程，以找出相似性和关联性。在图像处理中，特征匹配用于目标识别、图像配准等应用。在自然语言处理中，特征匹配可以用于文本相似度计算、信息检索等任务。

在实际应用中，特征提取与匹配还面临着以下几个挑战。

- 维度灾难：高维特征向量可能导致计算复杂度增加，影响匹配性能。
- 数据变化：数据的旋转、缩放、光照变化等可能影响特征的提取和匹配。
- 噪声干扰：噪声和异常数据可能导致特征提取和匹配的不准确性。

希望大家能够结合本章知识，在实际应用中根据具体任务选择合适的特征提取和匹配方法，并针对挑战进行相应的优化和处理，以获得更好的结果。

7.5 实践习题

(1) 提取任意图像的 ORB 特征，用暴力匹配法进行特征匹配并显示。示意结果如图 7-26 所示。

(2) 实现一个简易特征提取与匹配系统。

图 7-26　结果图

第Ⅲ部分　模式识别实践

在本部分中，我们将提供5个具体的案例，涵盖人脸识别、目标跟踪、文本识别、条形码和二维码识别以及基于视觉的机械臂实践等多个应用领域。针对每一个案例，我们不仅会详细解析相关的理论基础，还会介绍实现的具体步骤，希望以此来培养读者的系统思维和实践能力。

第 8 章　人脸识别实践

8.1　概述

人脸识别是一种基于计算机视觉和模式识别技术的生物特征识别方法，通过对人脸图像或视频进行处理和分析，实现对个体身份的识别和验证。人脸识别技术通过提取人脸的特征信息，并将其与预先存储的人脸模板进行比对，从而确定或验证一个人的身份。人脸识别技术的主要步骤包括人脸检测、人脸对齐、特征提取和特征匹配。人脸识别技术仍然面临一些挑战，如光照变化、姿态变化、表情变化和遮挡等因素对识别准确性的影响。同时，人脸识别技术还需要考虑个人隐私和数据安全的问题，并确保合规性和公正性的原则。因此，在人脸识别技术的发展中，对算法的改进、数据集的丰富和隐私保护的研究都是重要的方向。

本章主要介绍了人脸识别的主要原理、人脸识别的主要用途、人脸识别的基本组成模块。同时分别介绍了基于传统方法和深度学习方法用于人脸识别的检测原理，以及两者之间的区别和优劣。本章还介绍了如何使用 OpenCV 计算机视觉库调用相关函数对于传统方法和深度学习方法的实际应用，并且附带了代码。

本章末尾将给出两个实践习题，旨在培养读者的实操能力。

8.2 人脸识别基础

下面要描述相关理论基础。

8.2.1 人脸识别原理

随着科学技术的进步，涌现出物联网、云计算等新一代的信息技术，为建设智慧城市、智慧社区、智慧教室等提供有力的技术支持。在互联网飞速发展的时代，对于人的身份辨别已经越来越重要，人脸识别技术应运而生。相较于指纹识别、虹膜识别、声纹识别，人脸识别具有自然、便捷、体验友好的特征，成为大多数人认可的生物识别技术，基本流程框架如图 8-1 所示。在智慧城市建设的进程中，人脸识别系统能够识别出重要场所的往来人员的身份信息，能够向全社会提供智慧服务。动态人脸识别不需要当事人在人脸识别设备面前停留，因此，动态人脸识别对当事人行为无干扰，更加方便，使用场景也更加广阔。

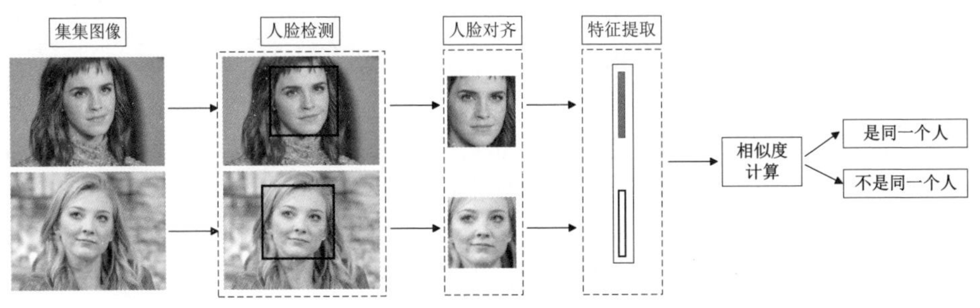

图 8-1　人脸识别流程框架图

所谓的人脸识别就是在图像和视频中检测人脸，并与人脸数据库中进行实时对比，从而实现身份识别，主要分为以下 4 个步骤。

(1) 人脸检测，主要功能就是查找当前图片或者视频中是否存在人脸，如果成功检测到人脸，返回相应的位置坐标；没有检测成功，则返回空值。

(2) 人脸对齐，根据人脸图片或者视频流，自动定位出面部关键特征点，例如眼睛、眉毛等。

(3) 人脸表征，把人脸信息转换为一个特定维数的特征向量。

(4) 人脸匹配，将特征信息对比，通过特征向量来进行人脸识别。如果为同一个人，两张人脸的特征向量距离会很小，如果为不同的两个人，则两张人脸的特征向量距离会很大。虽然现在实现人脸识别的方法各式各样，但大体方法框架没有太大变换。

本书主要使用 OpenCV 计算机视觉库进行人脸识别的讲解和示例实现，而 OpenCV 本身不负责识别人脸，识别人脸的能力归功于一个叫“xml”的文件，这是通过很多数据集训练得到的一个分类器，如果想要识别，只需要训练就可以。人脸识别是基于人的脸部特征信息进行身份识别的一种生物识别技术。用摄像机采集含有人脸的图像或视频流，并自动在图像中检测和跟踪人脸，进而对检测到的人脸进行脸部的一系列相关技术，通常也叫人像识别或面部识别。人脸识别的基本组成如下：

- 人脸图像采集及检测；
- 人脸图像预处理；
- 人脸图像特征处理；
- 人脸匹配与识别。

8.2.2 基于传统方法人脸检测

OpenCV 提供了使用传统方法和深度学习方法的人脸检测。

传统方法的人脸检测是依赖于边缘或者纹理等手动设置的特征和机器学习技术相结合，主要是依托于模式识别，即特征提取加上分类器设计。其中人工特征，它要能有效的区分不同的人。描述图像的许多特征都先后被应用于人脸识别问题，包括 HOG、SIFT、LBP 等。它们中的典型代表是 LBP(局部二值模式) 特征，这种特征简单却有效。LBP 特征计算起来非常简单，部分解决了光照敏感问题，但还是存在姿态和表情的问题。

LBP 是一种用来描述图像局部特征的算子，LBP 特征具有灰度不变性和旋转不变性等显著特点。但 LBPH 可以更好的适应不同尺度的纹理特征，LBPH 特征向量计算流程图如图 8-2 所示，并为了达到尺度和旋转不变性的要求，用圆形代替了正方形。

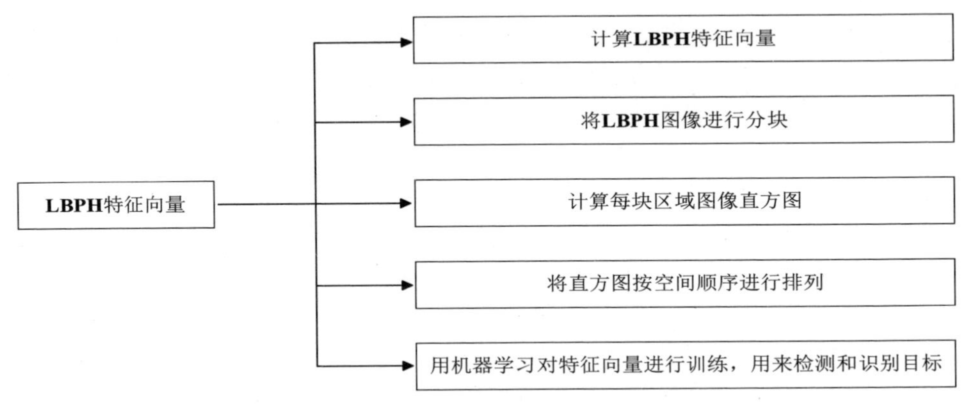

图 8-2　LBPH 特征向量流程图

局部二进制编码直方图法 (LBPH)，基于 LBP 改进的算法 LBPH 是将人脸分成很多小的区域，并且在每个小区域内根据 LBP 值统计它的直方图，用直方图特征作为判别，同时又能实现对 LBP 的降维。

传统方法常用的函数如下。

cv2.CascadeClassifier.detectMultiScale()

- image：要进行目标检测的图像。
- scaleFactor：每次图像尺寸缩放的因子，默认是 1.1。
- minNeighbors：每个目标至少要被检测到多少次才会被认为真的是人脸，因为其相邻的像素和不同的窗口大小都可能被检测为人脸，默认为 3。
- flags：旧的函数 cv2HaarDetectObjects 的一个参数，在新的级联分类器中未使用。
- minSize：目标最小尺寸。
- maxSize：目标最大尺寸。
- return：检测出的目标的矩形框数组，矩形框可能部分超出图像。

8.2.3 基于深度学习方法的人脸检测

尽管人脸有着较为显著的特征，但人脸特征在不同条件下(例如光线变化不同、姿态不同、遮挡部分不同和面部表情不同)会受到影响，导致类间间距小、类内间距大的问题，而运用深度学习方法逐渐可以减弱这些影响。图 8-3 展示了基于深度学习的人脸特征表示方法发展的时间图。

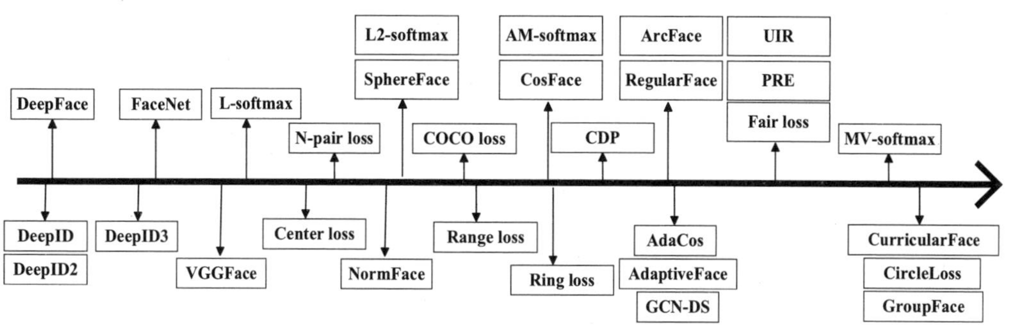

图 8-3 基于深度学习的人脸特征表示方法发展的时间图

利用深度学习的方法进行人脸识别，可以进行面部数据处理。面部数据处理是用于在训练和测试之前对数据进行预处理使其降低识别的困难度。尽管基于深度学习的人脸识别方法由于其强大的表征性而被广泛使用，但是各种条件，如姿势，照明，表情和遮挡等等因素仍然影响着深度人脸识别的性能表现，在这种情况下，面部的预处理就十分有益了。人脸数据处理的方法可以分为“一对多增强”和“多对一归一化”。“一对多增强”是指从单个图像生成多批次的图像数据或者是多个不同姿态下的图像，使深度神经网络能够更加全面稳定地学习到人脸在不同环境下的不变特性。收集大型的数据库是非常耗时而且昂贵的。“一对多增强”的方法可以减轻数据收集的挑战，并且它们不仅可以用于增加训练数据，还可以用于增加测试数据的体量。与“一对多增强”相比，“多对一归一化”方法产生人脸正面图像并减少测试数据的外观变化，使面部易于对齐和比较。

在利用海量数据和适当的损失函数训练深度网络之后，每个测试图像通过网络以获得深度特征表示。在提取到深度特征之后，用余弦距离或者是 L2 距离来表示两个特征之间的相似度，同时最邻近单元和阈值比较也常被用于识别任务。此外，还引入了其他方法，例如度量学习，基于稀疏表示的分类器等。其中人脸比对可以分为面部验证和面部识别。面部验证旨在找到一种新的指标，使两个类之间更加可分，同样，也可以使用在基于深度特征提取的面部匹配；面部识别的思想是得到一张输入人脸图像与人脸数据库中的多张人脸的相似度，进而找到输入人脸的身份信息，相当于一对多的人脸身份验证。

基于深度学习的方法，采用 OpenCV DNN 模块的代码示例如下所示：

```
net = cv2.dnn.readNet()
blob = cv2.dnn.blobFromImage()
net.setInput(blob)
detections = net.forward()
# 后处理
……
retval = cv2.FaceDetectorYN.create(model, config, input_size[score_threshold[, nms_
threshold[, top_k[, backend_id[, target_id]]]]])
```

采用 OpenCV 提供的基于深度学习的人脸检测 API FaceDetectorYN 类，该类有卷积层、激活层以及池化层，其中池化层将特征图降采样为原尺寸的一半。整个网络是一种简单的直筒型结构，分别在 4 种尺寸的特征图上进行检测。

cv2.FaceDetectorYN.create()

- model：人脸检测模型文件。
- configs：模型配置文件。为了保持接口兼容性的参数，如果是 ONNX 模型，则不需要传入。
- input_size：输入图像大小。
- score_threshold：矩形框分数的阈值。
- nms_threshold：NMS 中 IoU 的阈值。
- top_k：进行 NMS 前保留得分最高的矩形框的数量。

- backend_id：DNN 运行后端 id。
- target_id：DNN 运行硬件目标 id。

8.2.4 人脸对齐

人脸对齐问题的重点是人脸特征点对齐，特征点对齐主要体现在确定关键点的位置上。从而进一步用于人脸姿态、状态的判断，比如用于辅助驾驶、疲劳监测、AR 等。在人脸检测的基础上，根据输入的人脸图像，自动定位出面部关键特征点，如眼睛、鼻尖、嘴角点、眉毛以及人脸各部件轮廓点等，输入为人脸外观图像，输出为人脸的特征点集合。人脸对齐则可以看作在一张人脸图像搜索人脸预先定义的点（也叫人脸形状），通常从一个粗估计的形状开始，然后通过迭代来细化形状的估计。在搜索的过程中，两种不同的信息被使用，一个是人脸的外观，另一个是形状。形状提供一个搜索空间上的约束条件。

人脸对齐的目的使人脸纹理尽可能调整到标准位置，降低人脸识别器的难度。为了用人为的方式降低它的难度，就可以先把它对齐，就是让检测到这个人的眼睛、鼻子、嘴巴全部归到同一个位置，这样的话模型在比对的时候，就只要找同样位置附近是相同还是有很大不同。对于对齐，我们现在常用的做法就是二维的做法，就是到这个图里面去找到关键特征点，一般现在就是 5 点的、19 点的、60 点以上、80 点以上等都有。但人脸识别的话 5 个基本上就够了。这 5 个点之外的其他点的图像，可以认为它是做一个类似于插值的运算，然后把它贴到那个位置去，做完了以后，就可以送到后面的人脸识别器里面去做识别了。这个是一般的做法，还有更前沿的做法，有的研究机构在使用所谓的 3D 人脸对齐，就是我告诉你说一张正脸是什么样子的，比如旋转 45 度的时候长什么样子，那么用这种图给他训练过了以后，他就知道我看到一张向左右旋转了 45 度这张图，大概转正了以后有很大可能性是什么样子的，这个模型能去猜。如图 8-4 所示，第一行是对齐前的人脸，第二行是对齐后的标准人脸。

OpenCV 的主仓库除了提供了基于深度学习方法的人脸检测 API FaceDetectorYN 类，还提供了基于深度学习的人脸识别 API FaceRecognizerSF 类，进行人脸对齐、特征提取和相似度匹配。

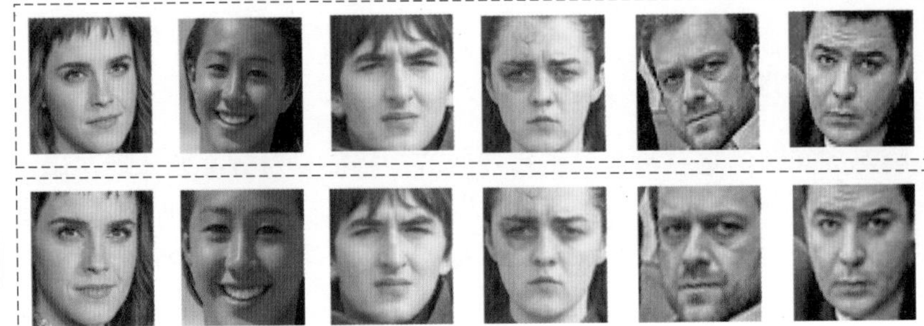

图 8-4　人脸对齐对比图

cv2.FaceRecognizer.create () 函数（用于创建 FaceRecognizer 类对象）

- model：人脸识别模型文件。
- config：模型配置文件。为了保持接口兼容性的参数，如果是 ONNX 模型则不需要。
- backend_id： DNN 运行后端 id。
- target_id：DNN 运行硬件目标 id。

cv2.FaceRecognizer.alignCrop() 函数（将输入的人脸图像变换到标准正脸位置）

- sc_img：输入图像。
- face_box：标识输入图像中人脸的人脸矩形框。
- return：对齐后的人脸图像。

8.2.5　人脸特征提取与比对

基于深度学习的人脸特征提取与比对，在利用海量数据和适当的损失函数训练深度网络之后，每个测试图像通过网络以获得深度特征表示。在提取到了深度特征之后，常常用余弦距离或者是 L2 距离来表示两个特征之间的相似度，同时最邻近单元和阈值比较也常被用于识别任务。将特征信息进行对比，通过特征向量来进行人脸识别。如果为同一个人，两张人脸的特征向量距离会很小；如果为不同的两个人，则两张人脸的特征向量距离会很大。除此之外，还引入了其他方法，例如度量学习，基于稀疏表示的分类器等。其中人脸比对可以分为面部验证和面部识别。面部验证旨在找到一种新的指标，使两个类之间更加可分，同样也可以使用在基于深度特征提取的面部匹配。面部识别的思路是得到一张输入人脸图像与人脸数据库中的多张人脸的相似度，进而找到输入人脸的身份信息，相当于一对多的人脸身份验证。

cv2.FaceRecognizer.feature () 函数 (进行人脸特征提取)

- aligned_img：对齐后的人脸图像。
- return：人脸特征。

cv2. FaceRecognizer.match () 函数 (计算人脸特征之间的距离)

- face_feature1：第一个人脸特征。
- face_feature2：第二个人脸特征，与 face_feature1 大小类型相同。
- dis_type：相似度类型，FR_COSINE(默认) 或 FR_NORM_L2。
- return：两个人脸特征间的距离。

8.3 人脸识别操作示例

相关示例如下。

8.3.1 实验准备

本章的实践所使用的硬件和软件环境请参照第 I 部分实践环境部分进行配置。

8.3.2 基于传统方法人脸检测实例

本实验所需文件：haarcascade_frontalface_alt.xml、video.mp4 和 haar_face.py

本实验依赖库：OpenCV-Python(即 cv2)

8.3.2.1 代码实现

代码实现如下。

```
#!/usr/bin/env python3
# encoding:utf-8
import cv2 as cv
def detectAndDisplay(frame, classifier):
    # 转为灰度图
    frame_gray = cv.cvtColor(frame, cv.COLOR_BGR2GRAY)
    # 人脸检测
    faces = classifier.detectMultiScale(frame_gray)
    for (x, y, w, h) in faces:
        # 绘制人脸矩形框
        frame = cv.rectangle(frame, (x, y, w, h), (0, 255, 0), 3)
    cv.imshow('Haar face', frame)
def main(path):
    # 创建分类器对象
    face_cascade = cv.CascadeClassifier()
    # 读入分类器文件
    if not face_cascade.load('haarcascade_frontalface_alt.xml'):
        print('--(!)Error loading face cascade')
        exit(0)
    # 打开摄像头，获取视频帧
    cap = cv.VideoCapture(path)
    if not cap.isOpened:
        print('--(!)Error opening video capture')
        exit(0)
    while cv.waitKey(1) < 0:
        ret, frame = cap.read()
        if frame is None:
            print('--(!) No captured frame -- Break!')
            break
        # 进行人脸检测并显示结果
        detectAndDisplay(frame, face_cascade)
```

```
if __name__ == '__main__':
    path = './video.mp4'
    main(path)
```

8.3.2.2 运行示例

我们可以按照下面的步骤进行实践。

(1) 首先按照第 I 部分要求进行硬件和软件环境配置，如果环境已经配置，本步可以跳过。

(2) 通过 cd 指令进入到存放 haar_face.py 的文件目录下 (假定文件按照第 I 部分的路径组织，该文件目录处于 Ubuntu 系统的桌面中的 examples 母文件夹中的子文件夹 06 内，操作如图 8-5 所示。实际操作中读者可根据具体文件所在位置进入对应的路径下)。

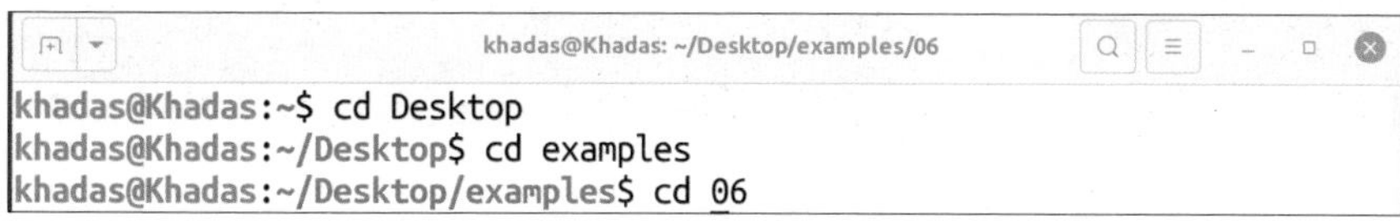

图 8-5　终端打开文件

(3) 使用 python3 命令运行相应的 haar_face.py 文件，如图 8-6 所示。

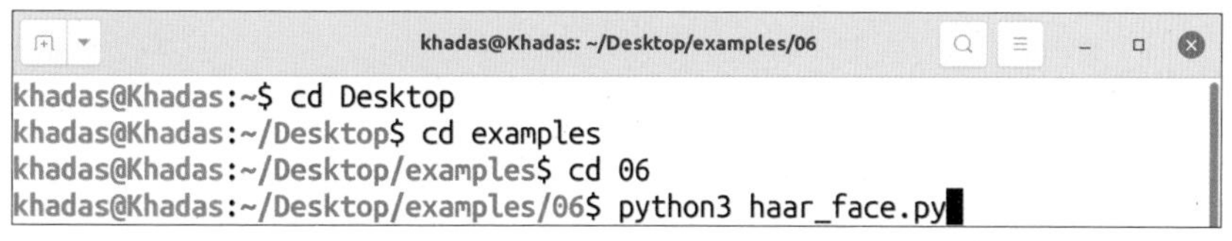

图 8-6　终端运行人脸检测

(4) 实验结果。

如图 8-7 所示，在 haar_face.py 代码里，主函数中的 path 是视频路径，可以通过 path 识别不同的视频。调用 cv2.CascadeClassifier() 函数创建分类器，再读取对应文件下的分类器文件用于人脸检测。代码中 detectAndDisplay() 函数主要是实现将输入的每一帧图像转为灰度图再进行人脸检测并将人脸检测的结果实时显示在视频上。

图 8-7　人脸检测示例运行结果图

8.3.3　基于深度学习方法人脸检测实例

本实验所需文件：face_detection_yunet_2022mar.onnx、gemma1.jpg 和 yunet_face.py

本实验依赖库：Opencv-Python(即 cv2)、NumPy 和 Argparse

8.3.3.1　代码实现

代码实现如下。

```
#!/usr/bin/env python3
# encoding:utf-8
import argparse
import numpy as np
import cv2 as cv
def str2bool(v):
```

```
    if v.lower() in [,on', ,yes', ,true', ,y', ,t']:
        return True
    elif v.lower() in ['off', 'no', 'false', 'n', 'f']:
        return False
    else:
        raise NotImplementedError
parser = argparse.ArgumentParser()
parser.add_argument('--image', '-i', type=str, default='./gemma1.jpg', help='Path to the
input image1. Omit for detecting on default camera.')
parser.add_argument('--video', '-v', type=str)
parser.add_argument('--scale', '-sc', type=float, default=1.0)
parser.add_argument('--face_detection_model','-fd',type=str, default='face_detection_
yunet_2022mar.onnx')
parser.add_argument('--score_threshold', type=float, default=0.9)
parser.add_argument('--nms_threshold', type=float, default=0.3)
parser.add_argument('--top_k', type=int, default=5000)
args = parser.parse_args()
def visualize(input, faces, fps, thickness=2):
    if faces[1] is not None:
        for idx, face in enumerate(faces[1]):
            print(
                'Face {}, top-left coordinates: ({:.0f}, {:.0f}), box width: {:.0f}, box height {:.0f},
score: {:.2f}'.format(
                    idx, face[0], face[1], face[2], face[3], face[-1]))
            coords = face[:-1].astype(np.int32)
            cv.rectangle(input, (coords[0], coords[1]), (coords[0] + coords[2], coords[1] +
coords[3]), (0, 255, 0),thickness)
            cv.circle(input, (coords[4], coords[5]), 2, (255, 0, 0), thickness)
            cv.circle(input, (coords[6], coords[7]), 2, (0, 0, 255), thickness)
            cv.circle(input, (coords[8], coords[9]), 2, (0, 255, 0), thickness)
            cv.circle(input, (coords[10], coords[11]), 2, (255, 0, 255), thickness)
```

```
            cv.circle(input, (coords[12], coords[13]), 2, (0, 255, 255), thickness)
    cv.putText(input, 'FPS: {:.2f}'.format(fps), (1, 16), cv.FONT_HERSHEY_SIMPLEX, 0.5,
(0, 255, 0), 2)
if __name__ == '__main__':
    ## [ 初始化 FaceDetectorYN]
    detector = cv.FaceDetectorYN.create(
        args.face_detection_model,
        "",
        (320, 320),
        args.score_threshold,
        args.nms_threshold,
        args.top_k)
    # [ 初始化 FaceDetectorYN]
    tm = cv.TickMeter()
    # 若输入为图像
    if args.image is not None:
        img1 = cv.imread(args.image)
        img1Width = int(img1.shape[1] * args.scale)
        img1Height = int(img1.shape[0] * args.scale)
        img1 = cv.resize(img1, (img1Width, img1Height))
        tm.start()
        # 推理
        # 推理前需要设置输入大小
        detector.setInputSize((img1Width, img1Height))
        faces1 = detector.detect(img1)
        # 推理
        tm.stop()
        assert faces1[1] is not None, 'Cannot find a face in {}'.format(args.image1)
        # 将结果绘制在图像上
        visualize(img1, faces1, tm.getFPS())
        # 显示结果
```

```
        cv.imshow("yunet face", img1)
        cv.waitKey()
    else:  # 若输入为摄像头
        if args.video is not None:
            deviceId = args.video
        else:
            deviceId = 0
        cap = cv.VideoCapture(deviceId)
        if not cap.isOpened:
            print('Failed to open camera.')
            exit(0)
        frameWidth = int(cap.get(cv.CAP_PROP_FRAME_WIDTH) * args.scale)
        frameHeight = int(cap.get(cv.CAP_PROP_FRAME_HEIGHT) * args.scale)
        detector.setInputSize([frameWidth, frameHeight])
        while cv.waitKey(1) < 0:
            hasFrame, frame = cap.read()
            if not hasFrame:
                print('No frames grabbed!')
                break
            frame = cv.resize(frame, (frameWidth, frameHeight))
            # 推理
            tm.start()
            faces = detector.detect(frame)  # faces 是 tuple 类型
            tm.stop()
            # 将结果绘制在图像上
            visualize(frame, faces, tm.getFPS())
            # 显示结果
            cv.imshow('Live', frame)
        cap.release()
    cv.destroyAllWindows()
```

8.3.3.2 运行示例

我们可以按照下面的步骤进行实践。

(1) 首先按照第 I 部分要求进行硬件和软件环境配置，如果环境已经配置，本步可以跳过。

(2) 通过 cd 指令进入到存放 yunet_face.py 的文件目录下 (假定文件按照第 I 部分的路径组织，该文件目录处于 Ubuntu 系统的桌面中的 examples 母文件夹中的子文件夹 06，操作如图 8-8 所示。实际操作中读者可根据具体文件所在位置进入对应的路径下)。

图 8-8　终端打开文件

(3) 使用 python3 命令运行 yunet_face.py 文件 , 如图 8-9 所示。

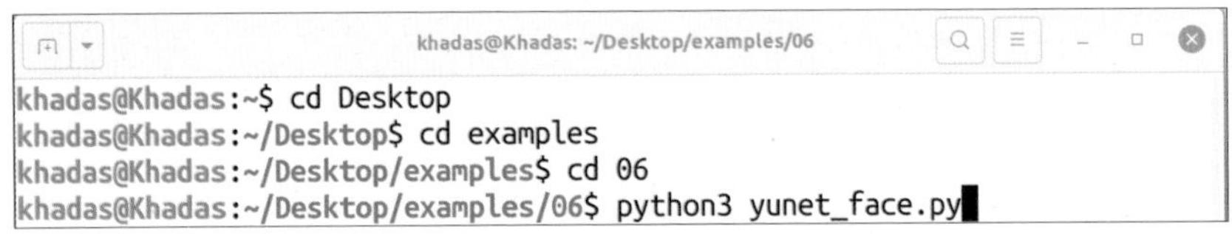

图 8-9　终端运行传统人脸识别

(4) 实验结果。

如图 8-10 所示，yunet.py 代码的运行需要训练好的 face_detection_yunet_2022mar.onnx 模型文件以及运行的视频文件。在代码的主函数中首先初始化 FaceDetectorYN，然后进行输入文件的判断，图片与视频进入不同的推理代码。整个代码的配置文件通过 parser 修改，如果对 image 设定默认值则处理图片文件；如果对 video 设定默认值则处理视频文件；scale 设定缩放尺寸；face_detection_model 设定对应的推理模型；score_threshold 设定置信度阈值，值越高则识别结果越准确，将置信度不高的结果过滤掉；nms_threshold 设定非极大值抑制阈值，避免多个识别结果框交叠。

图 8-10 传统方法人脸识别示例运行结果

8.3.4 基于深度学习人脸识别实例

本实验所需文件：face_recognition_sface_2021dec.onnx、face_recognition.py、face_detection_yunet_2022mar.onnx 和 database 文件夹

本实验依赖库：Opencv-Python(即 cv2)、NumPy、Argparse

8.3.4.1 代码实现

代码实现如下。

```
#!/usr/bin/env python3
# encoding:utf-8
import os
import argparse
```

```
import numpy as np
import cv2 as cv
parser = argparse.ArgumentParser()
parser.add_argument('--database_dir', '-db', type=str, default='./database')
parser.add_argument('--face_detection_model','-fd',type=str, default='face_detection_
yunet_2022mar.onnx')
parser.add_argument('--face_recognition_model','-fr',type=str, default='face_recognition_
sface_2021dec.onnx')
args = parser.parse_args()
def detect_face(detector, image):
    ''' 对 image 进行人脸检测 '''
    h, w, c = image.shape
    if detector.getInputSize() != (w, h):
        detector.setInputSize((w, h))
    faces = detector.detect(image)
    return [] if faces[1] is None else faces[1]
def extract_feature(recognizer, image, faces):
    ''' 根据 faces 中的人脸框进行人脸对齐；从对齐后的人脸提取特征 '''
    features = []
    for face in faces:
        aligned_face = recognizer.alignCrop(image, face)
        feature = recognizer.feature(aligned_face)
        features.append(feature)
    return features
def match(recognizer, feature1, feature2, dis_type=1):
    l2_threshold = 1.128
    cosine_threshold = 0.363
    score = recognizer.match(feature1, feature2, dis_type)
    # print(score)
    if dis_type == 0:  # Cosine 相似度
        if score >= cosine_threshold:
```

```
            return True
        else:
            return False
    elif dis_type == 1:  # L2 距离
        if score > l2_threshold:
            return False
        else:
            return True
    else:
        raise NotImplementedError('dis_type = {} is not implemenented!'.format(dis_type))
def load_database(database_path, detector, recognizer):
    db_features = dict()
    print('Loading database ...')
    # 首先读取已提取的人脸特征
    for filename in os.listdir(database_path):
        if filename.endswith('.npy'):
            identity = filename[:-4]
            if identity not in db_features:
                db_features[identity] = np.load(os.path.join(database_path, filename))
    npy_cnt = len(db_features)
    # 读取图像并提取人脸特征
    for filename in os.listdir(database_path):
        if filename.endswith('.jpg') or filename.endswith('.png'):
            identity = filename[:-4]
            if identity not in db_features:
                image = cv.imread(os.path.join(database_path, filename))
                faces = detect_face(detector, image)
                features = extract_feature(recognizer, image, faces)
                if len(features) > 0:
                    db_features[identity] = features[0]
                    np.save(os.path.join(database_path,'{}.npy'.format(identity)), features[0])
```

```
    cnt = len(db_features)
    print( 'Database: {} loaded in total, {} loaded from .npy, {} loaded from
images.'.format(cnt, npy_cnt, cnt - npy_cnt))
    return db_features
def visualize(image, faces, identities, fps, box_color=(0, 255, 0), text_color=(0, 0, 255)):
    output = image.copy()
    # 在左上角绘制帧率
    cv.putText(output, 'FPS: {:.2f}'.format(fps), (0, 15), cv.FONT_HERSHEY_DUPLEX, 0.5, text_color)
    for face, identity in zip(faces, identities):
        # 绘制人脸框
        bbox = face[0:4].astype(np.int32)
        cv.rectangle(output, (bbox[0], bbox[1]), (bbox[0] + bbox[2], bbox[1] + bbox[3]), box_color, 2)
        # 绘制识别结果
        cv.putText(output,'{}'.format(identity),(bbox[0],bbox[1]-15), cv.FONT_HERSHEY_
DUPLEX, 0.5, text_color)
    return output
if __name__ == '__main__':
    # 初始化 FaceDetectorYN
    detector = cv.FaceDetectorYN.create(
        args.face_detection_model,
        "",
        (480, 640),
        score_threshold=0.99,
        # backend_id=cv.dnn.DNN_BACKEND_TIMVX,
        # target_id=cv.dnn.DNN_TARGET_NPU
    )
    # 初始化 FaceRecognizerSF
    recognizer = cv.FaceRecognizerSF.create(
        args.face_recognition_model,
        "",
        # backend_id=0, #cv.dnn.DNN_BACKEND_TIMVX,
```

```
    # target_id=0, #cv.dnn.DNN_TARGET_NPU
)
# 读入数据库
database = load_database(args.database_dir, detector, recognizer)
# 初始化视频流
device_id = 0 # 打开对应摄像头
cap = cv.VideoCapture(device_id)
w = int(cap.get(cv.CAP_PROP_FRAME_WIDTH))
h = int(cap.get(cv.CAP_PROP_FRAME_HEIGHT))
# 实时人脸识别
tm = cv.TickMeter()
while cv.waitKey(1) < 0:
    hasFrame, frame = cap.read()
    if not hasFrame:
        print('No frames grabbed!')
        break
    tm.start()
    # 人脸检测
    faces = detect_face(detector, frame)
    # 特征提取额
    features = extract_feature(recognizer, frame, faces)
    # 与数据库进行人脸比对
    identities = []
    for feature in features:
        isMatched = False
        for identity, db_feature in database.items():
            isMatched = match(recognizer, feature, db_feature)
            if isMatched:
                identities.append(identity)
                break
        if not isMatched:
```

```
            identities.append('Unknown')
        tm.stop()
        # 将结果绘制在图像上
        frame = visualize(frame, faces, identities, tm.getFPS())
        # 显示结果
        cv.imshow('Face recognition system', frame)
        tm.reset()
    cap.release()
    cv.destroyAllWindows()
```

8.3.4.2 运行示例

我们可以按照下面的步骤进行实践。

(1) 首先按照第 I 部分要求进行硬件和软件环境配置，如果环境已经配置，本步可以跳过。

(2) 通过 cd 指令进入到存放 face_recognition.py 的文件目录下(假定文件按照第 I 部分的路径组织，该文件目录处于 Ubuntu 系统的桌面中的 examples 母文件夹中的子文件夹 06，操作如图 8-11 所示。实际操作中读者可根据具体文件所在位置进入对应的路径下)。

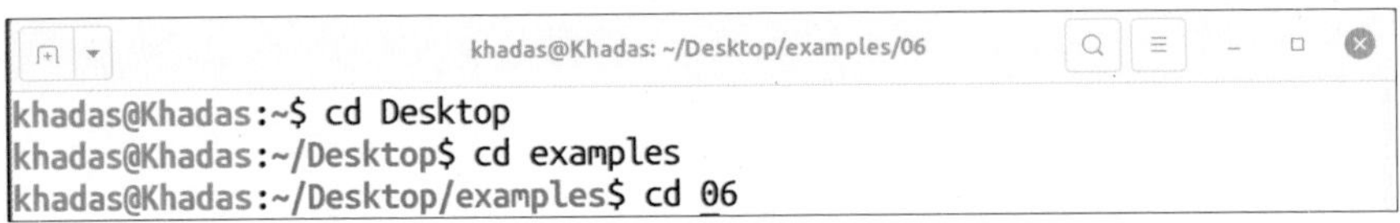

图 8-11　终端打开文件

(3) 使用 python3 命令运行 face_recognition.py 文件，如图 8-12 所示。

图 8-12　终端运行深度学习人脸识别

(4) 实验结果如图 8-13 所示。运行 face_recognition.py 代码需要已经训练完成的 face_detection_yunet_2022mar.onnx 和 face_recognition_sface_2021dec.onnx 文件，分别对应人脸检测模型和人脸识别模型；video 文件用于人脸识别的视频；database 文件夹用于存放人脸数据库。如果人脸识别数据库中的人脸在对应的视频中出现，那么实时显示就会在对应帧图片上显示出识别结果。如果数据库文件夹中对应的人脸并没有在视频文件中出现，那么对应结果只会检测到人脸，识别结果为 None。

图 8-13　深度学习人脸识别示例结果图

8.4　小结

人脸识别是一项重要的生物识别技术，用于识别和验证人脸的身份。该技术在计算机视觉和模式识别领域具有广泛的应用，包括安全访问控制、身份验证、社交媒体标签和犯罪侦查等。在人脸识别的发展中，深度学习技术，尤其是卷积神经网络 (CNN)，取得了显著的进展，极大地提升了识别的准确性和鲁棒性。然而，人脸识别仍然面临挑战，如光照变化、角度变化、面部表情变化以及隐私和伦理问题。为了成功应用人脸识别技术，需要综合考虑技术和社会因素。在实际应用中，需要确保准确性、安全性和隐私保护。对于人脸识别技术的进一步发展，需要持续研究和创新，以解决现有的挑战并满足不断变化的需求。同时，也需要建立透明的规范和法律法规，确保人脸识别的合法和道德使用。

8.5 实践习题

(1) 用 OpenCV 提供的函数实现基于 Haar 特征的人脸检测，实验结果示例如图 8-14 所示。

图 8-14　基于 HAAR 特征的人脸检测示例结果

(2) 实现一个简易的人脸识别系统，实验结果示例如图 8-15 所示。

图 8-15　简易人脸识别系统示例结果

第 9 章　目标跟踪实践

9.1　概述

目标跟踪 (Object Tracking) 是指在连续的图像或视频序列中，通过计算机视觉技术和算法来实时定位和追踪一个或多个特定目标的过程。目标可以是任何感兴趣的对象，如车辆、行人、运动物体等。目标跟踪旨在从目标的初始位置开始，在不同帧中跟踪目标的轨迹，以了解目标的运动模式、行为和状态的变化。目标跟踪在很多实际应用中具有重要意义，例如视频监控系统中的行为分析、自动驾驶中的障碍物检测与追踪、无人机航迹规划等。

本章主要内容围绕机器视觉相关的目标跟踪实践进行展开，介绍目标跟踪主要算法和原理，并通过 OpenCV 提供的函数来实现目标跟踪。本章在实践内容方面给出 MeanShift 算法、CamShift 算法以及 DaSiamRPN 算法实现跟踪的三个示例，便于读者进行相关的学习和实践。

在本章末尾给出有一定挑战性的实践习题，希望学有余力的读者可以挑战一下自己，以便更深刻地理解这一部分的知识。

9.2 目标跟踪基础

下面要描述相关理论基础。

9.2.1 目标跟踪

目标跟踪是计算机视觉领域一个极为重要的研究方向，其核心需求为给定目标在视频第一帧中的准确位置，从第二帧开始利用当前帧和前几帧的信息，检测当前帧中的目标位置信息，由此对目标进行持续追踪。追踪结果表现形式一般为用矩形框标出目标，如图 9-1 所示。

图 9-1 目标跟踪的实际应用

目标跟踪可以分为单目标跟踪和多目标跟踪，单目标跟踪是指在视频片段中对一个目标的运动进行跟踪，输出单个目标的运动轨迹，通常目标跟踪面临几大难点，如：遮挡、形变、背景复杂、尺度变换、运动模糊、光照等。多目标跟踪的技术原理与单目标基本一致，在目标跟踪的基础上，完成多个目标的区分、跟踪并输出多个目标的运动轨迹，不同的目标轨迹一般用编号区分。另外，目标跟踪还可以分为生成模型方法和判别模型方法。

本章以MeanShift算法、CamShift算法两种经典算法以及基于深度学习的DaSiamRPN算法为例进行讲解。MeanShift算法是一种简单的非参数密度估计方法，具有计算量小、比较容易实现、有一定适应性等优点。CamShift算法是MeanShift算法的改进版本，它在MeanShift算法的基础上增加了旋转和尺度不变性，能够更好地应对目标的旋转和尺度变化。DaSiamRPN是一种基于深度学习的目标跟踪算法，它结合了目标检测和目标跟踪的思想，具有较高的准确性和鲁棒性，适用于处理复杂的目标跟踪场景，如目标遮挡和快速运动等。

9.2.2 MeanShift 算法

MeanShift算法是一种简单的非参数密度估计方法，作为匹配搜索类方法的代表，因其计算量小、比较容易实现、有一定适应性等优点，被迅速应用到图像处理、图像分类、目标识别和目标跟踪中。基于MeanShift算法的运动目标跟踪是权威算法之一，它是一个利用均值向量进行迭代计算实现目标定位跟踪的过程，由于算法的快速收敛性，可以实现对目标的快速有效定位。

Meanshift算法迭代图如图9-2所示，MeanShift目标跟踪算法首先需要在首帧视频图像中选取一个包含目标的区域，该区域被称为目标区域，也是核函数的作用区域。区域中心作为目标区域的位置，提取该区域的颜色特征信息，构建颜色特征概率分布直方图用于构建目标模型；在接下来的每一帧视频中计算候选区域特征概率直方图，构建候选模型；利用相似性函数巴氏(Bhattacharyya)系数作为目标模型与候选模型的相似性度量，选取巴氏系数最大的候选模型就会得到关于目标模型的MeanShift向量，这个向量指向目标像素密度增大的方向即目标真实位置所在的方向，搜索区域就会沿着这个方向移动，因为该算法具有快速收敛性，将会快速迭代收敛至目标的真实位置，实现目标跟踪定位。

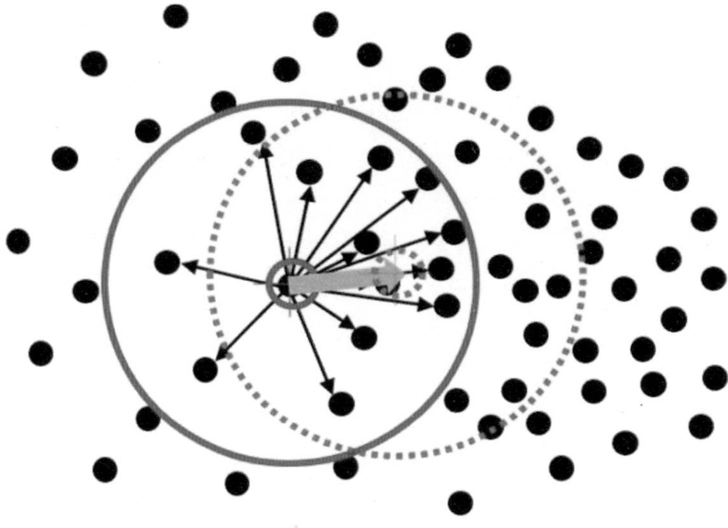

图 9-2 Meanshift 算法迭代

具体实现如下。

9.2.2.1 目标模型的构建

在视频序列首帧图像中选取需要跟踪的包含目标所有特征信息的区域，被称为目标区域，区域的大小就是核函数的带宽大小。对目标区域特征信息描述常用的方法就是特征直方图，基于 MeanShift 目标跟踪算法是使用颜色特征直方图描述兴趣目标，建立相应的目标建模。假设目标区域中心为 x_0，区域中有 n 个像素记为 $\{x_i\}_{i=1,\cdots,n}$，将该区域颜色特征空间分成 m 个区间，每个区间都对应一个目标特征值，m 个区间就是 m 个特征值 $u = 1, 2, ..., m$，计算目标区域内每个特征值的概率值，则描述目标模型 q_u 的概率密度估计为式 (9.1)：

$$q_u = C\sum_{i=1}^{n} k\left(\left\|\frac{x_0 - x_i}{h}\right\|^2\right)\delta[b(x_i) - u] \tag{9-1}$$

式中，x_0 是跟踪框的中心像素坐标；x_i 是第 i 个像素坐标；$k(x)$ 为 Epanechnikov 核函数，为核带宽；$b(x_i)$ 为灰度值索引函数；$\delta[b(x_i)-u]$ 作用是判断目标区域中像素是否属于第 u 个特征值，若属于该特征则值为 1，否则为 0；C 是一个标准归一化常量系数：$C=1/\sum_{i=1}^{n}k(\|x_i\|^2)$，该系数使得 $\sum_{i=1}^{n}q_u=1$。

9.2.2.2 候选目标模型的构建

运动目标在第二帧及以后的每帧中，可能包含目标的区域称为候选区域，假设前一帧目标中心位置为 y_0，将 y_0 作为当前帧中算法的迭代起点，得到候选目标区域的中心位置 y，计算当前候选区域的颜色特征分布直方图，区域中有 n_k 个像素用 $\{x_i\}_{i=1,\cdots,n_4}$ 表示，候选模型 p_u 的概率密度估计如式 (9-2) 所示。

$$p_u(y)=C_h\sum_{i=1}^{n}k\left(\left\|\frac{y_0-y_i}{h}\right\|^2\right)\delta[b(x_i)-u] \tag{9-2}$$

其中，h 为核函数窗宽大小（也就是核函数带宽），决定着特征值的权重分布情况；$C_h=\dfrac{1}{\sum_{i=1}^{n_k}k\left(\left\|\frac{y-x_i}{h}\right\|^2\right)}$ 是标准化归一化常量。

9.2.2.3 目标相似性度量

如何判断候选区域目标是需要跟踪的目标或者该位置是否是目标的真实位置呢？此时就需要一个衡量目标模型和候选模型相似性的标准，判断的二者表示的是否是同一个目标，这种操作在目标跟踪算法中称为目标相似性度量。常用的目标模型相似度衡量方法包括：巴氏距离、欧式距离、直方图相交、信息熵等，在 MeanShift 算法中使用巴氏 (Bhattacharyya) 系数来衡量目标的相似程度。

理想状态下，计算得到的目标模型和候选模型概率分布直方图是完全一样的，巴氏

系数作为衡量两个模型相似性依据，其定义如式 (9-3):

$$\rho(y)=\rho(p_u(y)q_u)=\sum_{u=1}^{m}\sqrt{p_u(y)q_u} \tag{9-3}$$

巴氏距离如式 (9-4)：

$$d(y)=\sqrt{1-\rho(y)} \tag{9-4}$$

其中，巴氏系数 $p(y)$ 值的范围为 0 ~ 1，判断方式为：$\rho(y)$ 值越大，巴氏距离 $d(y)$ 越小，则目标越相似，当算法迭代计算直到 $\rho(y)$ 取得最大值时，该值对应的位置即为目标的真实位置。

9.2.2.4 目标的定位

实现目标的定位，其实就是循环迭代找到视频当前帧中 $\rho(y)$ 值最大的位置。跟踪过程中，将前一帧的目标中心作为当前帧的迭代起点设置为 y_0，从该点开始迭代寻找最优匹配，设置最优匹配区域的中心位置为 y，首先计算目标候选模型 $p_u(y_0)$，式 (9-3) 在 $p_u(y_0)$ 处泰勒级数展开，则 Bhattacharyya 可近似表示如式 (9-5)：

$$\rho(y)=\rho(p_u(y)q_u)\approx\frac{1}{2}\sum_{u=1}^{m}\sqrt{p_u(y)q_u}+\frac{c_h}{2}w_i k\left\|\frac{y-x_i}{h}\right\| \tag{9-5}$$

其中，w_i 为特征权重由式 (9-6) 计算得到：

$$w_i=\sum_{u=1}^{m}\sqrt{\frac{q_u}{p_u(y_0)}\delta[b(x_i)-u]} \tag{9-6}$$

通过 MeanShift 迭代可以得到目标新位置 y_i 如式 (9-7)：

$$y_i = \frac{\sum_{i=1}^{n_h} x_i w_i g\left(\left\|\frac{y_0 - x_i}{h}\right\|^2\right)}{\sum_{i=1}^{n_h} w_i g\left(\left\|\frac{y_0 - x_i}{h}\right\|^2\right)} \tag{9-7}$$

其中，$g(x) = -k'(x)$，算法从 y_0 开始，计算目标模型与候选模型的巴氏系数，搜索框会沿着目标像素密度增大的方向移动至新位置 y_1，经过多次迭代，直到移动距离小于某一特定要求之后停止迭代，就能得到当前帧目标的真实位置 $y = y_1$。

OpenCV 库中提供了 MeanShift 函数来实现目标追踪。

```
cv2.meanShift(probImage, window, criteria)
```

- probImage：ROI 区域，即目标直方图的反向投影。
- window：初始搜索窗口，就是定义 ROI 的 rect。
- criteria：确定窗口搜索停止的准则，主要有迭代次数达到设置的最大值，窗口中心的漂移值大于某个设定的限值等。

9.2.3 CamShift 算法

CamShift 算法是对 MeanShift 的改进，CamShift 利用目标的颜色直方图模型将图像转换为颜色概率分布图，初始化一个搜索窗的大小和位置，并根据上一帧得到的结果自适应调整搜索窗口的位置和大小，从而定位出当前图像中目标的中心位置。如果被追踪的物体迎面过来，由于透视效果，物体会放大，之前设置好的窗口区域大小会不合适，CamShift 会调整框的大小。CamShift 跟踪算法基本的步骤如下。

(1) 初始定义搜索框的位置和尺寸。

(2) 计算搜索框所包含区域的颜色概率分布。

(3) 对每帧 MeanShift 算法迭代搜索收敛至目标真实位置即得到搜索框的最新位置和大小。

(4) 读取下一帧，重复以上步骤过程。

本算法的优点是跟踪效率比较高，能够实现跟踪框的大小调整，对目标本身形变不敏感；但由于该算法仍然是基于单一颜色特征对目标进行描述，因此易受颜色干扰，并且跟踪框大小方向调整不准确，容易陷入局部最优。

OpenCV 库中提供了 CamShift 函数实现目标追踪。

```
cv2.camShift(probImage, window, criteria)
```

- probImage：ROI 区域，即目标直方图的反向投影。
- window：初始搜索窗口，就是定义 ROI 的 rect。
- criteria：确定窗口搜索停止的准则，主要有迭代次数达到设置的最大值，窗口中心的漂移值大于某个设定的限值等。

9.2.4 DaSiamRPN 算法

DaSiamRPN(Distractor-aware Siamese Region Proposal Network) 是典型的基于 SiamFC(双流网络) 的深度学习单目标跟踪算法，该算法结合了目标检测和目标跟踪的思想，通过使用孪生网络和区域建议网络 (Region Proposal Network，RPN) 来实现目标的准确跟踪。

DaSiamRPN 分析了已有的孪生网络算法提取的特征及其具有的缺点，然后聚焦在训练 distractor-aware 孪生网络准确且长期的跟踪，主要在数据集扩展、训练方法以及 local-to-global 搜索策略方面对 SiamRPN 进行了改进。

DaSiamRPN 算法实现的主要步骤如下。

(1) 使用离线训练数据对孪生网络进行训练。训练数据包括目标图像和背景图像对。孪生网络由两个共享权重的卷积神经网络组成，其中一个网络用于提取目标特征，另一个网络用于提取背景特征。

(2) 在孪生网络的基础上，引入了 RPN 网络来生成候选目标区域。RPN 网络可以通过特征图上的锚框来生成候选框，并通过分类和回归任务来筛选目标区域。

(3) 在目标跟踪阶段，首先根据初始目标位置生成候选框，并通过 RPN 网络计算候选框与目标的相似度。然后，根据相似度对候选框进行排序，选择相似度最高的候选框作为目标位置。最后，通过更新网络权重来优化跟踪模型。

DaSiamRPN 的推理过程如图 9-3 所示，其中涉及三个模型，分别是 SiamRPN、SiamKernelCL1 和 SiamKernelR1。

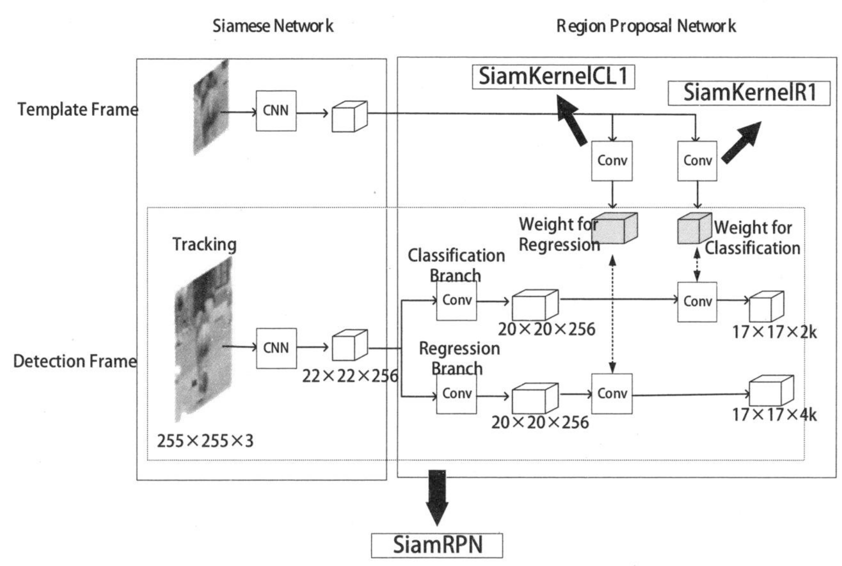

图 9-3 DaSiamRPN 推理过程

SiamRPN 是主要模型，每一帧均会使用，SiamKernelCL1 和 SiamKernelR1 仅在设定模板参数时使用。

OpenCV 提供了 TrackerDaSiamRPN 类。

```
retval = cv2.TrackerDaSiamRPN. create ( [ parameters ] )
```

- parameters：DaSiamRPN 算法参数，包括 backend、kernel_cls1、kernel_r1、model 和 target。backend 和 traget 设定函数运行的后端和硬件；kernel_cls1、kernel_r1 和 model 是算法的三个深度学习模型。

- retval：构造的 DaSiamRPN 类对象。

```
isLocated, bbox = cv2.TrackerDasiamRPN.update(frame)
```

- frame：视频帧。
- bbox：计算得到的被跟踪目标的矩形框。
- isLocated：是否跟踪到目标。

```
retval = cv2.TrackerDasiamRPN.getTrackingScore()
```

- retval：目标跟踪的得分。

9.3 目标跟踪示例

相关示例如下。

9.3.1 实验准备

本章的实践所使用的硬件和软件环境请参照第 I 部分实践环境部分进行配置。

9.3.2 MeanShift 算法目标跟踪实例

本实验所需文件：meanshift.py 和 slow_traffic_small.mp4

本实验依赖库：OpenCV-Python(即 cv2)

9.3.2.1 代码实现

代码实现如下。

```
import numpy as np
import cv2 as cv
import argparse
parser = argparse.ArgumentParser(description='Desktop/07/slow_traffic_small.mp4')
```

```
parser.add_argument('--video', type=str, default='slow_traffic_small.mp4', help=' 视频文件路径 ')
args = parser.parse_args()
cap = cv.VideoCapture(args.video)
# 读取视频第一帧
ret,frame = cap.read()
# 手动设置目标初始位置
x, y, w, h = 300, 200, 100, 50
track_window = (x, y, w, h)
# 设定要跟踪的 ROI 区域
roi = frame[y:y+h, x:x+w]
hsv_roi =  cv.cvtColor(roi, cv.COLOR_BGR2HSV)
mask = cv.inRange(hsv_roi, np.array((0., 60.,32.)), np.array((180.,255.,255.)))
roi_hist = cv.calcHist([hsv_roi],[0],mask,[180],[0,180])
cv.normalize(roi_hist,roi_hist,0,255,cv.NORM_MINMAX)
# 设定终止条件，10 次迭代或移动 1 个像素以上
term_crit = ( cv.TERM_CRITERIA_EPS | cv.TERM_CRITERIA_COUNT, 10, 1 )
while(1):
    ret, frame = cap.read()
    if ret == True:
        hsv = cv.cvtColor(frame, cv.COLOR_BGR2HSV)
        dst = cv.calcBackProject([hsv],[0],roi_hist,[0,180],1)
        # 对新位置应用 meanshift
        ret, track_window = cv.meanShift(dst, track_window, term_crit)
        # 将结果绘制在图像上
        x,y,w,h = track_window
        img2 = cv.rectangle(frame, (x,y), (x+w,y+h), 255,2)
        cv.imshow('Meanshift',img2)
        k = cv.waitKey(30) & 0xff
        if k == 27:
            break
    else:
        break
```

9.3.2.2 运行示例

我们可以按照下面的步骤进行实践。

(1) 首先按照第 I 部分要求进行硬件和软件环境配置，如果环境已经配置，本步可以跳过。

(2) 通过 cd 指令进入到存放有 meanshift.py 的文件目录下 (假定文件按照第 I 部分的路径组织，该文件目录处于 Ubuntu 系统的桌面中的 examples 母文件夹中的子文件夹 07 内，操作如图 9-4 所示。实际操作中读者可根据具体文件所在位置进入对应的路径下)。

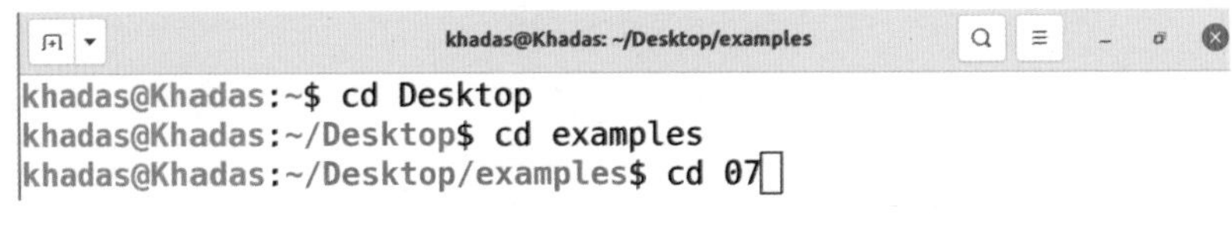

图 9-4 进入指定路径

(3) 使用 python3 命令运行 meanshift.py 文件，如图 9-5 所示。

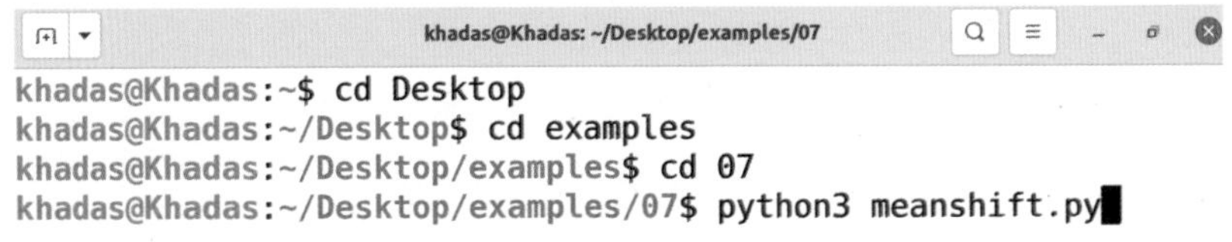

图 9-5 运行相应文件

(4) 实验结果。

在 meanshift.py 代码中，在视频第一帧通过设置 x, y, w, h 的参数手动设置目标初始位置，从图像帧中提取位于 (x, y) 到 $(x+w, y+h)$ 范围内的图像子区域，通过更改 x, y, w, h 的参数可以更改子区域范围。通过 term_crit = (cv.TERM_CRITERIA_EPS | cv.TERM_CRITERIA_COUNT, 10, 1) 设定了跟踪停止的条件，10 次迭代或移动 1 个像素以上跟踪停止。

通过 OpenCV 提供的库函数 cv.meanshift(probImage, window, criteria) 进行 MeanShift

目标追踪，最终将结果绘制在图像上。示例中设置白色车辆为初始区域，采用 MeanShift 算法对该视频中该区域进行追踪，结果如图 9-6 所示。

(a)

(b)

图 9-6 MeanShift 算法目标跟踪

9.3.3 CamShift 算法目标跟踪实例

本实验所需文件：camshift.py 和 slow_traffic_small.mp4

本实验依赖库：Opencv-Python(即 cv2)、NumPy 和 Argparse

9.3.3.1 代码实现

代码实现如下。

```
import numpy as np
import cv2 as cv
import argparse
parser = argparse.ArgumentParser(description='Desktop/07/slow_traffic_small.mp4')
parser.add_argument('--video', type=str, default='slow_traffic_small.mp4', help=' 视频文件路径 ')
args = parser.parse_args()
cap = cv.VideoCapture(args.video)
# 读取视频第一帧
ret,frame = cap.read()
# 手动设置目标初始位置
x, y, w, h = 300, 200, 50, 50
track_window = (x, y, w, h)
# 设定要跟踪的 ROI 区域
roi = frame[y:y+h, x:x+w]
hsv_roi =  cv.cvtColor(roi, cv.COLOR_BGR2HSV)
mask = cv.inRange(hsv_roi, np.array((0., 60.,32.)), np.array((180.,255.,255.)))
roi_hist = cv.calcHist([hsv_roi],[0],mask,[180],[0,180])
cv.normalize(roi_hist,roi_hist,0,255,cv.NORM_MINMAX)
# 设定终止条件，10 次迭代或移动 1 个像素以上
term_crit = ( cv.TERM_CRITERIA_EPS | cv.TERM_CRITERIA_COUNT, 10, 1 )
while(1):
    ret, frame = cap.read()
```

```
    if ret == True:
        hsv = cv.cvtColor(frame, cv.COLOR_BGR2HSV)
        dst = cv.calcBackProject([hsv],[0],roi_hist,[0,180],1)
        # 对新位置应用 camshift
        ret, track_window = cv.CamShift(dst, track_window, term_crit)
        # 将结果绘制在图像上
        pts = cv.boxPoints(ret)
        pts = np.int0(pts)
        img2 = cv.polylines(frame,[pts],True, 255,2)
        cv.imshow('Camshift',img2)
        k = cv.waitKey(30) & 0xff
        if k == 27:
            break
    else:
        break
```

9.3.3.2 运行示例

我们可以按照下面的步骤进行实践。

(1) 首先按照第 I 部分要求进行硬件和软件环境配置，如果环境已经配置，本步可以跳过。

(2) 通过 cd 指令进入到存放有 camshift.py 的文件目录下 (假定文件按照第 I 部分的路径组织，该文件目录处于 Ubuntu 系统的桌面中的 examples 母文件夹中的子文件夹 07，操作如图 9-7 所示。实际操作中读者可根据具体文件所在位置进入对应的路径下)。

图 9-7 进入指定路径

(3) 使用 python3 命令运行 camshift.py 文件，如图 9-8 所示。

图 9-8　运行相应文件

(4) 实验结果。

在 camshift.py 代码中，在视频第一帧通过设置 x, y, w, h 的参数手动设置目标初始位置，从图像帧中提取位于 (x, y) 到 $(x+w, y+h)$ 范围内的图像子区域，通过更改 x, y, w, h 的参数可以更改子区域范围。通过 term_crit = (cv.TERM_CRITERIA_EPS | cv.TERM_CRITERIA_COUNT, 10, 1) 设定了跟踪停止的条件，10 次迭代或移动 1 个像素以上跟踪停止。通过 OpenCV 提供的库函数 cv.camshift(probImage, window, criteria) 进行 CamShift 目标追踪，最终将结果绘制在图像上。设置白色车辆为初始区域，采用 CamShift 算法对该视频中该区域进行追踪，结果如图 9-9 所示。

(a)

图 9-9　CamShift 算法目标跟踪

(b)

图 9-9 CamShift 算法目标跟踪（续）

9.3.4 DaSiamRPN 算法目标跟踪实例

本实验所需文件：dasiamrpn.py、demo.py、object_tracking_dasiamrpn_kernel_r1_2021nov.onnx、object_tracking_dasiamrpn_kernel_cls1_2021nov.onnx 和 object_tracking_dasiamrpn_model_2021nov.onnx

本实验依赖库：Opencv-Python(即 cv2)、NumPy 和 Argparse

9.3.4.1 代码实现

代码实现如下。

```
'dasiamrpn.py'
import numpy as np
import cv2 as cv

class DaSiamRPN:
    def __init__(self, model_path, kernel_cls1_path, kernel_r1_path, backend_id=0, target_id=0):
            # 初始化 DaSiamRPN 类并设置提供的参数
        self._model_path = model_path
```

```
        self._kernel_cls1_path = kernel_cls1_path
        self._kernel_r1_path = kernel_r1_path
        self._backend_id = backend_id
        self._target_id = target_id
            # 创建 DaSiamRPN 参数对象
        self._param = cv.TrackerDaSiamRPN_Params()
        self._param.model = self._model_path
        self._param.kernel_cls1 = self._kernel_cls1_path
        self._param.kernel_r1 = self._kernel_r1_path
        self._param.backend = self._backend_id
        self._param.target = self._target_id
            # 创建 DaSiamRPN 模型
        self._model = cv.TrackerDaSiamRPN.create(self._param)
    @property
    def name(self):
        return self.__class__.__name__

    def setBackend(self, backend_id):
        # 设置后端 ID
        self._backend_id = backend_id
        self._param = cv.TrackerDaSiamRPN_Params()
        self._param.model = self._model_path
        self._param.kernel_cls1 = self._kernel_cls1_path
        self._param.kernel_r1 = self._kernel_r1_path
        self._param.backend = self._backend_id
        self._param.target = self._target_id
            # 使用更新后的目标 ID 创建 DaSiamRPN 模型
        self._model = cv.TrackerDaSiamRPN.create(self._param)

    def setTarget(self, target_id):
        self._target_id = target_id
        self._param = cv.TrackerDaSiamRPN_Params()
```

```
        self._param.model = self._model_path
        self._param.kernel_cls1 = self._kernel_cls1_path
        self._param.kernel_r1 = self._kernel_r1_path
        self._param.backend = self._backend_id
        self._param.target = self._target_id
        self._model = cv.TrackerDaSiamRPN.create(self._param)
    def init(self, image, roi):
            # 使用初始图像和感兴趣区域 (roi) 初始化跟踪器
        self._model.init(image, roi)

    def infer(self, image):
        # 执行跟踪并获取结果
        isLocated, bbox = self._model.update(image)
        score = self._model.getTrackingScore()
        return isLocated, bbox, score
'demo.py'
import argparse
import numpy as np
import cv2 as cv
from dasiamrpn import DaSiamRPN

def str2bool(v):
    if v.lower() in ['on', 'yes', 'true', 'y', 't']:
        return True
    elif v.lower() in ['off', 'no', 'false', 'n', 'f']:
        return False
    else:
        raise NotImplementedError
parser = argparse.ArgumentParser(description="Distractor-aware Siamese Networks for
                    Visual Object Tracking (https://arxiv.org/abs/1808.06048)")
parser.add_argument('--input', '-i', type=str,help='Path to the input video.
Omit for using default camera.')
parser.add_argument('--model_path',type=str,default='object_tracking_dasiamrpn_model_20
```

```
            21nov.onnx', help='Path to dasiamrpn_model.onnx.')
parser.add_argument('--kernel_cls1_path',type=str,default='object_tracking_dasiamrpn_kerne
        l_cls1_2021nov.onnx', help='Path to dasiamrpn_kernel_cls1.onnx.')
parser.add_argument('--kernel_r1_path',type=str,default='object_tracking_dasiamrpn_kernel_
        r1_2021nov.onnx', help='Path to dasiamrpn_kernel_r1.onnx.')
parser.add_argument('--save', '-s', type=str2bool, default=False, help='Set true to save results.
        This flag is invalid when using camera.')
parser.add_argument('--vis', '-v', type=str2bool, default=True, help='Set true to open a
          window for result visualization. This flag is invalid when using camera.')
args = parser.parse_args()

def visualize(image, bbox, score, isLocated, fps=None,
       box_color=(0, 255, 0),text_color=(0, 255, 0), fontScale = 1, fontSize = 1):
  # 可视化函数，用于在图像上绘制边界框和文本标签
  output = image.copy()
  h, w, _ = output.shape

  if fps is not None:
    cv.putText(output, 'FPS: {:.2f}'.format(fps), (0, 30),
         cv.FONT_HERSHEY_DUPLEX, fontScale, text_color, fontSize)

  if isLocated and score >= 0.6:
    # bbox: 长度为 4 的元组
    x, y, w, h = bbox
    cv.rectangle(output, (x, y), (x+w, y+h), box_color, 2)
    cv.putText(output,'{:.2f}'.format(score),(x, y+20), cv.FONT_HERSHEY_DUPLE
        X,fontScale, text_color, fontSize)
  else:
    text_size, baseline = cv.getTextSize('Target lost!',cv.FONT_HERSHEY_DUPLEX,
                 fontScale, fontSize)
    text_x = int((w - text_size[0]) / 2)
    text_y = int((h - text_size[1]) / 2)
```

```
        cv.putText(output, 'Target lost!', (text_x, text_y),cv.FONT_HERSHEY_DUPLEX,
                   fontScale, (0, 0, 255), fontSize)
    return output

if __name__ == '__main__':
    # 初始化 DaSiamRPN
    model = DaSiamRPN(
        model_path=args.model_path,
        kernel_cls1_path=args.kernel_cls1_path,
        kernel_r1_path=args.kernel_r1_path
    )

    # 获取视频源
    _input = args.input
    if args.input is None:
        device_id = 0
        _input = device_id
    video = cv.VideoCapture(_input)

    # 选取一个目标
    has_frame, first_frame = video.read()
    if not has_frame:
        print('No frames grabbed!')
        exit()
    first_frame_copy = first_frame.copy()
    cv.putText(first_frame_copy, "1. Drag a bounding box to track.", (0, 15),
               cv.FONT_HERSHEY_SIMPLEX, 0.5, (0, 255, 0))
    cv.putText(first_frame_copy, "2. Press ENTER to confirm", (0, 35),
               cv.FONT_HERSHEY_SIMPLEX, 0.5, (0, 255, 0))
    roi = cv.selectROI('DaSiamRPN Demo', first_frame_copy)
    print("Selected ROI: {}".format(roi))
```

```
# 根据 ROI 初始化 tracker
model.init(first_frame, roi)

# 逐帧跟踪
tm = cv.TickMeter()
while cv.waitKey(1) < 0:
    has_frame, frame = video.read()
    if not has_frame:
        print('End of video')
        break
    # 推理
    tm.start()
    isLocated, bbox, score = model.infer(frame)
    tm.stop()
    # 显示
    frame = visualize(frame, bbox, score, isLocated, fps=tm.getFPS())
    cv.imshow('DaSiamRPN Demo', frame)
    tm.reset()
```

9.3.4.2 运行示例

我们可以按照下面的步骤进行实践。

(1) 首先按照第 I 部分要求进行硬件和软件环境配置，如果环境已经配置，本步可以跳过。

(2) 通过 cd 指令进入到存放有 dasiamrpn.py、demo.py 的文件目录下 (假定文件按照第 I 部分的路径组织，该文件目录处于 Ubuntu 系统的桌面中的 examples 母文件夹中的子文件夹 07，操作如图 9-10 所示。实际操作中读者可根据具体文件所在位置进入对应的路径下)。

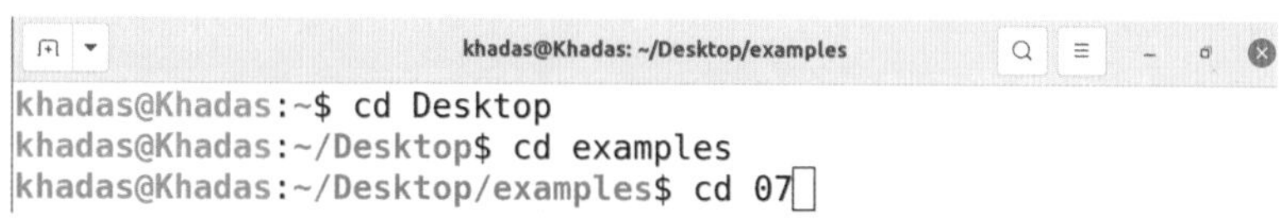

图 9-10 进入指定路径

(3) 使用 python3 命令运行 demo.py 文件，如图 9-11 所示。

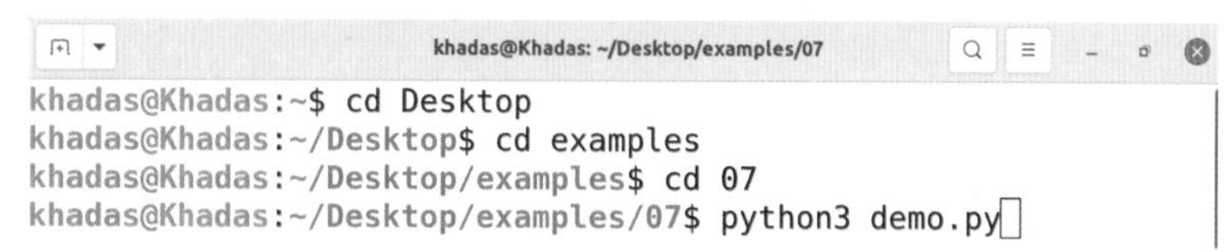

图 9-11 运行相应文件

(4) 选取跟踪目标。

程序运行后，通过鼠标选取图 9-12 所示需要追踪的物体，选取范围后按 Enter 键确定该目标范围，并进行目标追踪，选取追踪目标示意图如图 9-12 所示。

图 9-12 选取跟踪目标

(5) 实验结果。

当图像显示窗口激活时，按任意键退出程序。运行 demo.py 的同时调用了 dasiamrpn.py，代码的运行需要训练好的 object_tracking_dasiamrpn_kernel_r1_2021nov.onnx、object_tracking_dasiamrpn_kernel_cls1_2021nov.onnx、object_tracking_dasiamrpn_model_2021nov.onnx 等模型文件。这些 onnx 模型文件是用于目标跟踪任务中的 "Distractor-aware Siamese Networks"(DASiamRPN) 模型。运行程序后会调用摄像头，如果需要追踪的目标在摄像头画面中出现，对应帧会显示追踪结果。不同帧图片中目标跟踪结果如图 9-13 所示。

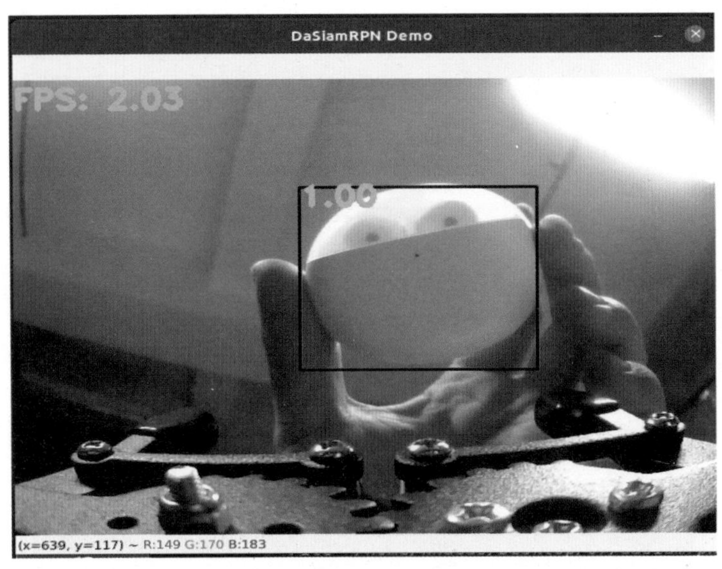

(a)

图 9-13　DaSiamRPN 算法目标跟踪示例

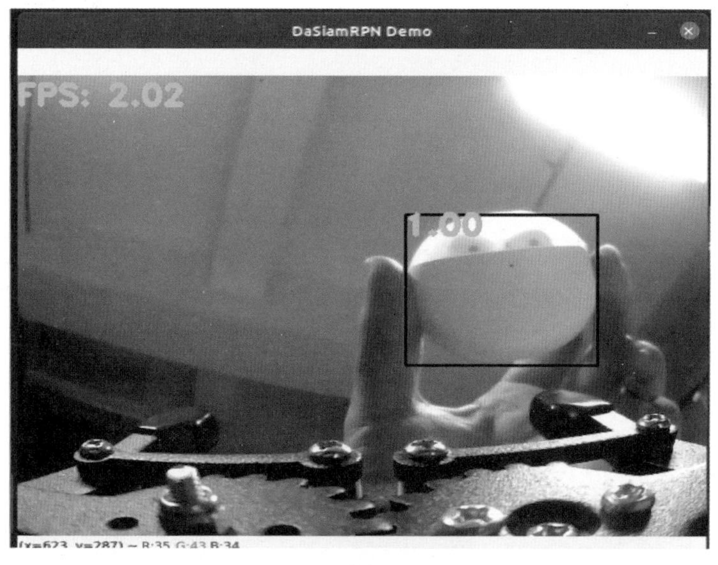

(b)

图 9-13 DaSiamRPN 算法目标跟踪示例（续）

9.4 小结

目标跟踪作为计算机视觉领域的核心任务，旨在持续追踪视频或图像序列中的特定目标，为实时监测和运动分析提供了关键支持。其在各个领域的广泛应用，如视频监控、自动驾驶、运动分析等，彰显了其重要性。目标跟踪的挑战在于应对遮挡、光照变化、背景复杂性等多变因素，因此涌现出多种算法，包括传统特征和深度学习方法。单目标跟踪和多目标跟踪分支则满足了不同场景下的需求。在不断进化的计算机视觉技术中，目标跟踪在提供目标运动和行为信息方面发挥着关键作用。它的发展不仅为实时决策和预测提供了可靠依据，还为创造更智能化、自动化的环境和系统开辟了道路，目标跟踪的持续进步必将在各个领域推动科技创新和应用发展。

9.5 实践习题

(1) 用 OpenCV 提供的函数实现 KCF 算法的目标跟踪，实验结果示例如图 9-14 所示。

图 9-14 KCF 算法跟踪

(2) 编写一个 Python 程序，使用视频文件或摄像头捕获视频流，在视频中实现多目标跟踪，同时跟踪多个移动目标，实验结果示例如图 9-15 所示。

图 9-15 多目标跟踪

第 10 章　文本识别实践

10.1　概述

文本识别是利用计算机自动识别纸质媒介文字，将信息以文字的方式呈现出来的技术，是模式识别应用的一个重要章，文本识别一般包括文字信息的采集、信息的分析和处理、信息的分类和判别。信息采集，是将纸面上的文字灰度变换成电信号，输入到计算机；信息分析和处理，可以消除噪声和干扰，进行正规化处理；信息的分类判别，是对文字信息进行分类判别，输出识别结果。

本章主要内容围绕常见的文本识别方法，介绍基于深度学习的文本识别原理，并给出了在 OpenCV 中进行文本检测的方法。在实践内容方面给出 3 种常见的文本识别方法，包括以 MSER 和 NMS 为基础的传统文本识别方法，该方法可以用于提取文字位置和信息；还包括以深度学习为基础的文本识别方法，以 DB 算法和 CTC 算法为例。通过这几个案例，读者可以进一步了解和学习。

本章末尾将给出两个有一定挑战性的实践习题，学有余力的读者可以挑战一下，该部分不附带演示过程和代码。

10.2 文本识别基础

下面将介绍相关基础知识。

10.2.1 文本识别的流程

一般来说，文本识别的流程可以分为几个步骤。首先，将图片或者视频帧输入文本识别设备，采取相应的文字定位和检测算法进行识别。然后，需要对文字区域进行定位，对图片或者视频帧中的文字部分进行剪裁。最后，在剪裁出的文字区域使用合适的文本识别算法，输出识别到的文字信息，如图 10-1 所示。

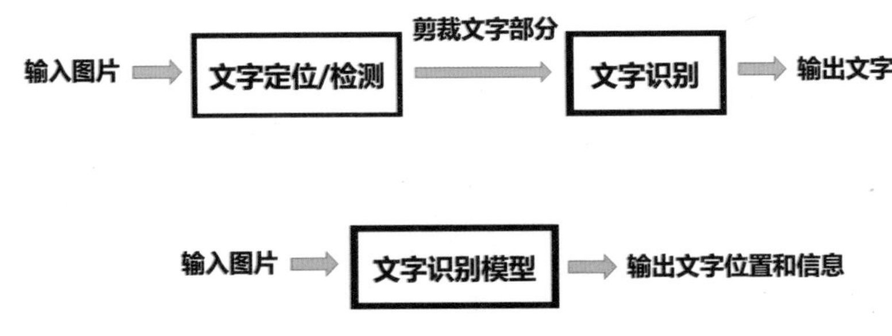

图 10-1　文本识别的流程

目前，与文本识别相关的算法可以分为传统算法和以深度学习为基础的识别算法。传统算法，是基于对图像的基本处理，例如滤波，差分，形态学操作等，在图像中提取感兴趣的区域，优点在于操作简单，易于实现。而基于深度学习的识别算法，如神经网络，自适应能力较强，对文本的识别效果更好，但往往需要一定量的训练数据做支撑，训练时间也较长。

本节采用两种深度学习算法。第一种是基于分割的文本检测算法，显著特点是在图像的二值化处理中采用了可微分的阈值函数；另一种，是联接时间分类器的 CTC 方法，该方法能有效解决输入端与输出端的对应问题。

10.2.2 传统的文本检测方法

文本识别的应用场景主要分为两种，一种是简单场景，另一种是复杂场景。对于简单场景，例如书本扫描、屏幕截图、高清晰度的照片等自然场景，可以应用传统文本检测方法。

首先，对图像使用算法 MSER(Maximally Stable Extremal Regions)，该算法在 2002 年提出，是一种检测图像中文本区域的传统图像算法，主要是基于分水岭的思想对图像进行斑点区域检测。分水岭算法思想来源于地形学，将图像当作自然地貌，图像中每一个像素点的灰度值表示该点的海拔高度，每一个局部极小值及其周边区域称为盆地，相邻盆地之间的边界则称为分水岭，如图 10-2 所示。

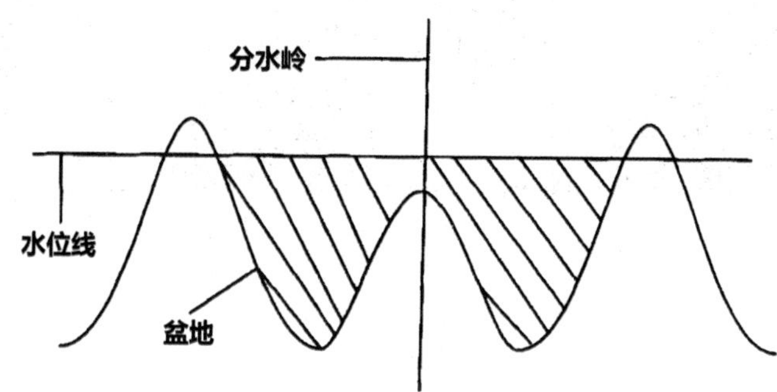

图 10-2 分水岭算法的思想来源

MSER 使用的前提需要先将图像进行灰度化处理，对于得到的灰度图像，进行阈值从 0 至 255 依次递增的二值化处理。在二值化阈值增加的过程中，会发现图像中的黑点逐渐增多，黑色部分开始扩大。最终，黑色区域会融合在一起，直到整个图像都变成黑色。在得到的所有二值图像中，能观测到某一些连通区域的面积随阈值变化的影响很小，这种区域就被称为最大极值稳定区域，即 MSER。

在实际使用 MSER 算法的过程中，会发现找到的文字区域存在很多重叠的大小框，为了防止不是最大尺寸的框影响识别结果，往往还会采用 NMS(Non Maximum Suppression，非极大值抑制)，达到去除重复区域，找到最佳检测位置的目的，如

图 10-3 所示，其中左图是直接使用了 MSER 算法的结果，右图是在 MSER 的基础上采用了 NMS 的结果。

图 10-3　NMS 前后对比效果图

NMS 算法的主要流程如下。首先将所有框按置信度得分进行排序，取其中得分最高的框。然后，遍历该框与其余框的重叠面积，删除重叠面积大于某个阈值的框，这里的阈值可以根据需要自行设置，一般为 0.3，0.5；取下一个得分最高的框出来。重复上述过程，直到剩下最后一个框，即不包含重叠部分的文本检测框。

OpenCV 提供了如下 MSER 类进行文本检测。

```
retval = cv.MSER_create([delta[,min_area[, max_area[,max_variation[, min_diversity[, max_evolution[,area_threshold[,min_margin[,edge_blur_size]]]]]]]]])
```

- delta：灰度阈值最小的步长变化。
- min_area：允许区域的最小面积。
- max_area：允许区域的最大面积。
- max_variation：允许不同强度阈值下的区域之间的最大面积变化率。

- min_diversity：对彩色图像的差异。
- max_evolution：对彩色图像的渐变值。
- area_threshold：对彩色图像的阈值。
- min_margin：对彩色图像的外边距。
- edge_blur_size：对彩色图像的边缘滤波尺寸。
- retval：创建的 MSER 对象。

检测 MSER 区域。

```
msers,bboxes = cv.MSER.detectRegions(image)
```

- image：输入图像，8UC1，8UC3 或 8UC4 且大小不小于 3×3。
- msers：计算出的结果点集列表。其中每个元素都表示一个区域，每个区域为该区域所有像素点的坐标集合。
- bboxes：计算出的结果矩形框，每一行表示一个区域。

10.2.3 基于深度学习的方法之 DB

一种常见的基于深度学习的文本识别方法是 DB(Differentiable Binarization)，即分割方法，如图 10-4 所示。

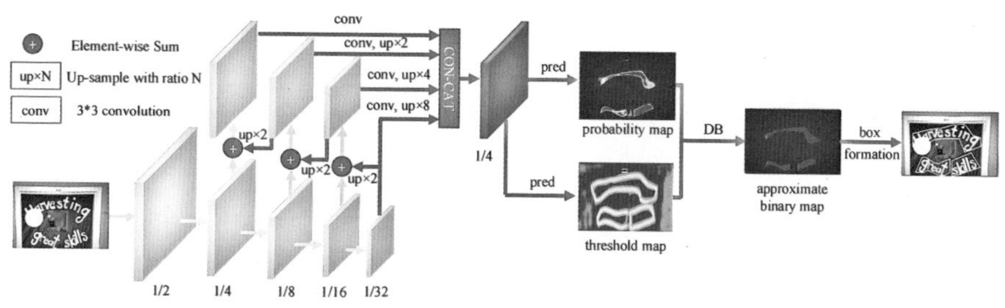

图 10-4 基于分割的文本识别方法

DB 算法能在分割网络中执行二值化过程，可以自适应地设置二值化阈值，不仅能简化后处理，还能提高文本检测的性能。需要特别提出的一点是，在传统的图像处理方法中，对图像进行二值化处理的方式是基于阈值跳跃的方式，而在 DB 算法中，提出了一种特殊的二值化方式，可微二值化，即使用了近似阶跃函数执行二值化操作，参见式 (10-1)。

$$\hat{B}_{i,j} = \frac{1}{1+\mathrm{e}^{-k(P_{i,j}-T_{i,j})}} \tag{10-1}$$

其中 B 是近似二值图；T 是从网络获知的自适应阈值图；k 表示放大因子。在实际训练中，k 的值一般设置为 50。

正是因为 DB 算法使用的二值化函数是可微的，所以可以直接用于网络的训练。基于自适应阈值的可微二值化不仅可以帮助区分文本区域和背景，而且可以将连接紧密的文本实例分离出来。

OpenCV 提供了基于深度学习的文字检测的 API，示例见 10.3.3 节。

(1) 创建文字检测类对象。

```
det = cv.dnn.TextDetectionModel_DB(model)
```

- model： 文本检测 ONNX 模型 DB。
- det：TextDetectionModel_DB 类对象。

(2) 进行文字检测。

```
detections, confidences = cv.dnn.TextDetectionModel.detect(frame)
```

- frame： 输入图像。
- detections：文本检测结果。每个结果为一个四边形，用四个顶点来表示，顺序为左下，左上，右上，右下。
- confidences：每个检测结果的置信度，此 API 包含了模型推理以及推理后的后处理过程，用户无需再单独实现后处理。

10.2.4 基于深度学习的方法之 CTC

本节介绍另一种基于深度学习的文本识别方法，CTC(Connectionist Temporal Classifier, 联接时间分类器)，主要用于解决输入特征与输出标签的对齐问题，如图 10-5 所示。

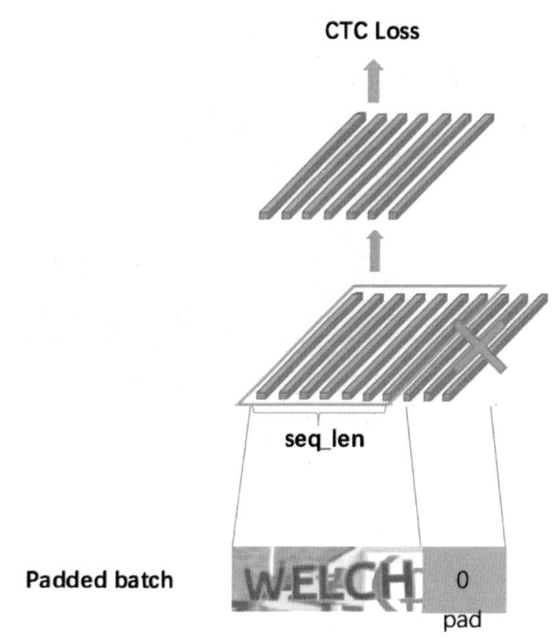

图 10-5 基于 CTC 的文本识别方法

CTC 算法产生的原因，是在语音识别，文本识别等任务中，由于音频数据和图像数据都是从现实世界中将模拟信号转为数字信号采集得到的，这些数据天然就很难进行分割，在处理过程中，很难获取到包含输入序列和输出序列映射关系的大规模训练样本，如果采用人工标注，就使得成本大幅度提高，并且，启发式的挖掘方法存在很大的局限性。因此，必须舍弃传统的基于 RNN 的端到端的训练和预测，由此产生了 CTC。

CTC 的核心思路是扩展 RNN 的输入层，在输出序列和最终标签之间增加了多对一的控件映射，并在此基础上定义了损失函数。在设计思路上，CTC 借鉴了 HMM(Hidden Markov Model) 算法，利用动态规划有效计算损失函数及其导数，从而解决了端到端的问题；最后，结合加密算法使 RNN 可以有效地对序列数据进行端到端的预测。

OpenCV DNN 提供了 TextRecognitionModel 类进行文本识别，实例见 10.3.4 节。

(1) 创建 TextRecognitionModel 类对象。

```
reg = cv.dnn.TextRecognitionModel(model)
```

- model：文本识别 ONNX 模型。

(2) 设置词汇表。

```
retval = cv.dnn.TextRecognitionModel.setVocabulary(vocabulary)
```

- vocabulary：识别模型的词汇表。
- retval：返回值。

(3) 设置解码类型。

```
retval = cv.dnn.TextRecognitionModel.setDecodeType(decodeType)
```

- decodeType：将识别模型输出结果转换为字符串的解码方法。
- retval：返回值。

(4) 进行文本识别。

```
results = cv.dnn.TextRecognitionModel.recognize(frame)
```

- frame：输入图像。
- results：文本识别结果。

10.3 文本识别示例

相关示例如下。

10.3.1 实验准备

本章的实践所使用的硬件和软件环境请参照第 I 部分实践环境部分进行配置。

10.3.2 MSER 文字检测实例

本实验所需文件：mser.py

本实验依赖库：OpenCV-Python(即 cv2) 、Numpy 和 Argparse

10.3.2.1 代码实现

代码实现如下。

```
#!/usr/bin/env python3
# encoding:utf-8
import cv2 as cv
import numpy as np
def nms(boxes, overlapThresh):
    if len(boxes) == 0:
        return []
    if boxes.dtype.kind == "i":
        boxes = boxes.astype("float")
    pick = []
    # 取四个坐标数组
    x1 = boxes[:, 0]
    y1 = boxes[:, 1]
    x2 = boxes[:, 2]
    y2 = boxes[:, 3]
```

```
    # 计算面积数组
    area = (x2 - x1 + 1) * (y2 - y1 + 1)
    # 按得分排序（如没有置信度得分，可按坐标从小到大排序，如右下角坐标）
    idxs = np.argsort(y2)
    # 开始遍历，并删除重复的框
    while len(idxs) > 0:
        # 将最右下方的框放入 pick 数组
        last = len(idxs) - 1
        i = idxs[last]
        pick.append(i)
        # 找剩下的其余框中最大坐标和最小坐标
        xx1 = np.maximum(x1[i], x1[idxs[:last]])
        yy1 = np.maximum(y1[i], y1[idxs[:last]])
        xx2 = np.minimum(x2[i], x2[idxs[:last]])
        yy2 = np.minimum(y2[i], y2[idxs[:last]])
        # 计算重叠面积占对应框的比例，即 IoU
        w = np.maximum(0, xx2 - xx1 + 1)
        h = np.maximum(0, yy2 - yy1 + 1)
        overlap = (w * h) / area[idxs[:last]]
        # 如果 IoU 大于指定阈值，则删除
        idxs = np.delete(idxs, np.concatenate(([last],
np.where(overlap > overlapThresh)[0])))
    return boxes[pick].astype("int")
def mser(image):
    img_gray = cv.cvtColor(image, cv.COLOR_BGR2GRAY)
    mser = cv.MSER_create()
    regions, _ = mser.detectRegions(img_gray)
    hulls = [cv.convexHull(p.reshape(-1, 1, 2)) for p in regions]
    # 不规则轮廓
    #cv.polylines(image, hulls, 1, (255, 255, 0))
    keep = []
```

```
    for hull in hulls:
        x, y, w, h = cv.boundingRect(hull)
        keep.append([x, y, x + w, y + h])
        # 矩形框
        #cv2.rectangle(image, (x, y), (x + w, y + h), (255, 0, 0), 1)
    boxes = nms(np.array(keep), 0.4)
    for box in boxes:
        # NMS 后的矩形框
        cv.rectangle(image, (box[0], box[1]), (box[2], box[3]), (0, 255, 0), 1)
def main():
    cap = cv.VideoCapture(0)
    if not cap.isOpened():
        print('Failed to open camera.')
        exit(0)
    while cv.waitKey(1) < 0:
        hasFrame, frame = cap.read()
        if not hasFrame:
            print('Failed to read frame.')
            break
        mser(frame)
        cv.imshow("bounding box", frame)
        cv.imwrite("mser.jpg", frame)
    cap.release()
    cv.destroyAllWindows()
if __name__ == '__main__':
    main()
```

10.3.2.2 运行示例

我们可以按照下面的步骤进行实践。

(1) 首先按照第I部分要求进行硬件和软件环境配置，如果环境已经配置，本步可以跳过。

(2) 通过 cd 指令进入到存放有指定 mser.py 文件的文件目录下 (假定文件按照第 I 部分的路径组织，该文件目录处于 Ubuntu 系统的桌面中的 examples 母文件夹中的子文件夹 08 内，如图 11-6 所示。实际操作中读者可根据具体文件所在位置进入对应的路径下)。

图 10-6　进入指定路径

(3) 运行相应的 mser.py 文件。

图 10-7　运行相应文件

(4) 实验结果。

在 mser.py 代码中，我们定义了名为 mser 的函数对输入图像进行处理，在该函数中，首先会对输入图像进行灰度化处理，通过语句 cv.cvtColor(image, cv.COLOR_BGR2GRAY) 实现；然后，调用 OpenCV 库中的 cv.MSER_create() 函数创建了一个 mser 对象，将图像传入该对象，变量用来存储图像的区域。函数中，使用循环，来逐个绘制 mser 算法找到的文字区域，结果如图 10-8 所示。这里使用的绘制函数也是 OpenCV 中常用的库函数 cv.rectangle()。

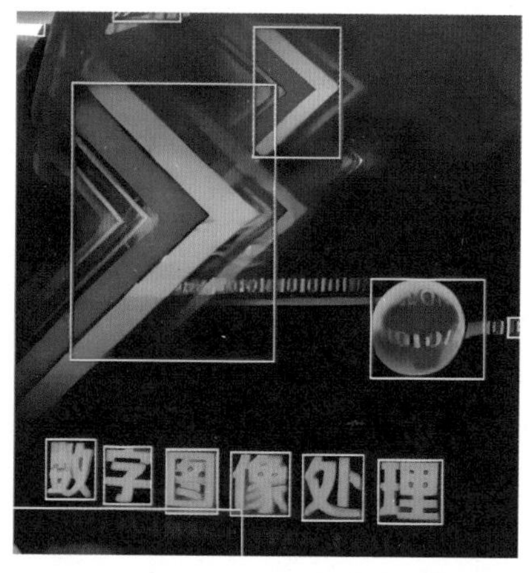

图 10-8　MSER 文字检测实验结果

10.3.3　DB 检测方法示例

本实验所需文件：text_detection_db.py

本实验依赖库：OpenCV-Python(即 cv2) 、Numpy 和 Argparse

10.3.3.1　代码实现

代码实现如下。

```
#!/usr/bin/env python3
# encoding:utf-8
# This file is part of OpenCV Zoo project.
# It is subject to the license terms in the LICENSE file found in the same directory.
# Copyright (C) 2021, Shenzhen Institute of Artificial Intelligence and
Robotics for Society, all rights reserved.
# Third party copyrights are property of their respective owners.
import argparse
import numpy as np
import cv2 as cv
```

```
from db import DB
def str2bool(v):
    if v.lower() in ['on', 'yes', 'true', 'y', 't']:
        return True
    elif v.lower() in ['off', 'no', 'false', 'n', 'f']:
        return False
    else:
        raise NotImplementedError
backends = [cv.dnn.DNN_BACKEND_OPENCV, cv.dnn.DNN_BACKEND_CUDA]
targets=[cv.dnn.DNN_TARGET_CPU,cv.dnn.DNN_TARGET_CUDA,cv.dnn.DNN_
TARGE T_CUDA_FP16]
help_msg_backends = "Choose one of the computation backends: {:d}:
OpenCV implementation (default); {:d}: CUDA"
help_msg_targets = "Chose one of the target computation devices: {:d}: CPU (default);
{:d}: CUDA; {:d}: CUDA fp16"
try:
    backends += [cv.dnn.DNN_BACKEND_TIMVX]
    targets += [cv.dnn.DNN_TARGET_NPU]
    help_msg_backends += "; {:d}: TIMVX"
    help_msg_targets += "; {:d}: NPU"
except:
    print('This version of OpenCV does not support TIM-VX and NPU.
Visit https://gist.github.com/fengyuentau/
5a7a5ba36328f2b763aea026c43fa45f for more information.')
parser = argparse.ArgumentParser(description='Real-time Scene Text Detection
with Differentiable Binarization (https://arxiv.org/abs/1911.08947).')
parser.add_argument('--input', '-i', type=str, help='Path to the input image.
Omit for using default camera.')
parser.add_argument('--model','-m',type=str,
default='text_detection_DB_IC15_resnet18_2021sep.onnx', help='Path to the model.')
parser.add_argument('--backend','-b',type=int,default=backends[0],
```

```
    help=help_msg_backends.format(*backends))
parser.add_argument('--target','-t',type=int,default=targets[0],  help=help_msg_targets.
format(*targets))
parser.add_argument('--width', type=int, default=736,
help='Preprocess input image by resizing to a specific width. It should be multiple by 32.')
parser.add_argument('--height', type=int, default=736,
help='Preprocess input image by resizing to a specific height. It should be multiple by 32.')
parser.add_argument('--binary_threshold', type=float, default=0.3,
help='Threshold of the binary map.')
parser.add_argument('--polygon_threshold', type=float,
default=0.5, help='Threshold of polygons.')
parser.add_argument('--max_candidates', type=int, default=200,
help='Max candidates of polygons.')
parser.add_argument('--unclip_ratio', type=np.float64, default=2.0,
help=' The unclip ratio of the detected text region, which determines the output size.')
parser.add_argument('--save', '-s', type=str, default=False, help='Set true to save
results.
This flag is invalid when using camera.')
parser.add_argument('--vis', '-v', type=str2bool, default=True,
help='Set true to open a window for result visualization.
This flag is invalid when using camera.')
args = parser.parse_args()
def visualize(image, results, box_color=(0, 255, 0),
text_color=(0, 0, 255), isClosed=True, thickness=2, fps=None):
   output = image.copy()
   if fps is not None:
      cv.putText(output,'FPS:{:.2f}'.format(fps),(0,15),
cv.FONT_HERSHEY_SIMPLEX, 0.5, text_color)
   pts = np.array(results[0])
   output = cv.polylines(output, pts, isClosed, box_color, thickness)
   return output
```

```
if __name__ == '__main__':
    # 初始化 DB
    model = DB(modelPath=args.model,
            inputSize=[args.width, args.height],
            binaryThreshold=args.binary_threshold,
            polygonThreshold=args.polygon_threshold,
            maxCandidates=args.max_candidates,
            unclipRatio=args.unclip_ratio,
            backendId=args.backend,
            targetId=args.target
    )
    # 若输入为图像
    if args.input is not None:
        image = cv.imread(args.input)
        original_w = image.shape[1]
        original_h = image.shape[0]
        image = cv.resize(image, [args.width, args.height])
        # 推理
                results = model.infer(image)
        # 打印结果
        print('{} texts detected.'.format(len(results[0])))
        for idx, (bbox, score) in enumerate(zip(results[0], results[1])):
            print('{}: {} {} {} {},
{:.2f}'.format(idx, bbox[0], bbox[1], bbox[2], bbox[3], score))
        # 将结果绘制在图上
        image = visualize(image, results)
        image = cv.resize(image, [original_w, original_h])
        # save 为 true 时保存图像
        if args.save:
            print('Resutls saved to result.jpg\n')
            cv.imwrite('result.jpg', image)
```

```
        # 显示结果
        if args.vis:
            cv.namedWindow(args.input, cv.WINDOW_AUTOSIZE)
            cv.imshow(args.input, image)
            cv.waitKey(0)
    else: # 若输入为摄像头
        deviceId = 0
        cap = cv.VideoCapture(deviceId)
        tm = cv.TickMeter()
        while cv.waitKey(1) < 0:
            hasFrame, frame = cap.read()
            if not hasFrame:
                print('No frames grabbed!')
                break
            original_w = frame.shape[1]
            original_h = frame.shape[0]
            frame = cv.resize(frame, [args.width, args.height])
            # 推理
            tm.start()
            results = model.infer(frame) # results is a tuple
            tm.stop()
            # 将结果绘制在图上
            frame = visualize(frame, results, fps=tm.getFPS())
            frame = cv.resize(frame, [original_w, original_h])
            # 显示结果
            cv.imshow('{} Demo'.format(model.name), frame)
            cv.imwrite('detect.jpg', frame)
            tm.reset()
```

10.3.3.2　运行示例

我们可以按照下面的步骤进行实践。

(1) 首先按照第 I 部分要求进行硬件和软件环境配置，如果环境已经配置，本步可以跳过。

(2) 通过 cd 指令进入到存放有 text_detection.py 的文件目录下 (假定文件按照第 I 部分的路径组织，该文件目录处于 Ubuntu 系统的桌面中的 examples 母文件夹中的子文件夹 08 内，操作如图 10-9 所示。实际操作中读者可根据具体文件所在位置进入对应的路径下)。

```
khadas@Khadas:~$ cd Desktop
khadas@Khadas:~/Desktop$ cd examples
khadas@Khadas:~/Desktop/examples$ cd 08
```

图 10-9　终端打开文件

(3) 使用 python3 命令运行 text_detection_db.py 文件 , 如图 10-10 所示。

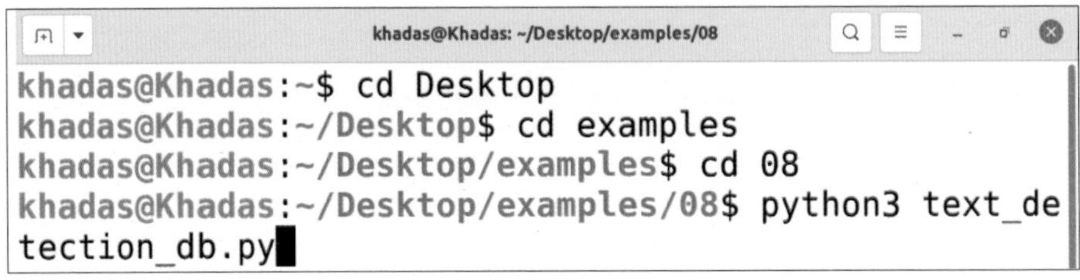

图 10-10　终端运行

(4) 实验结果。

我们通过 model 来承载模型，args.model 表示加载模型的路径，在加载时，需要事先设置好输入图像的尺寸，可通过变量 args.width 和 args.height 分别设置图像的宽和高，args.binary_threshold 可设置算法的阈值，在实际操作中，可以适当修改该值，比较结果的差异，结果如图 10-11 所示。当图像显示窗口激活时，按任意键退出程序。

图 10-11 DB 方法运行结果

10.3.4 CTC 检测方法实例

本实验所需文件：text_detection_crnn.py

本实验依赖库：OpenCV-Python(即 cv2) 、Numpy、Argparse

10.3.4.1 代码实现

代码实现如下。

```
#!/usr/bin/env python3
# encoding:utf-8
# This file is part of OpenCV Zoo project.
# It is subject to the license terms in the LICENSE file found in the same directory.
#
# Copyright (C) 2021, Shenzhen Institute of Artificial Intelligence and
Robotics for Society, all rights reserved.
# Third party copyrights are property of their respective owners.
import sys
import argparse
import numpy as np
```

```
import cv2 as cv
from crnn import CRNN
sys.path.append('../text_detection_db')
from db import DB
def str2bool(v):
    if v.lower() in ['on', 'yes', 'true', 'y', 't']:
        return True
    elif v.lower() in ['off', 'no', 'false', 'n', 'f']:
        return False
    else:
        raise NotImplementedError
backends = [cv.dnn.DNN_BACKEND_OPENCV, cv.dnn.DNN_BACKEND_CUDA]
targets=[cv.dnn.DNN_TARGET_CPU,cv.dnn.DNN_TARGET_CUDA,
cv.dnn.DNN_TARGET_CUDA_FP16]
help_msg_backends = "Choose one of the computation backends:
{:d}: OpenCV implementation (default); {:d}: CUDA"
help_msg_targets = "Chose one of the target computation devices:
{:d}: CPU (default); {:d}: CUDA; {:d}: CUDA fp16"
try:
    backends += [cv.dnn.DNN_BACKEND_TIMVX]
    targets += [cv.dnn.DNN_TARGET_NPU]
    help_msg_backends += "; {:d}: TIMVX"
    help_msg_targets += "; {:d}: NPU"
except:
    print('This version of OpenCV does not support TIM-VX and NPU.
Visit https://gist.github.com/fengyuentau/5a7a5ba36328f2b763aea026c43fa45f
for more information.')
parser = argparse.ArgumentParser(
    description="An End-to-End Trainable Neural Network for
Image-based Sequence Recognition and Its Application to Scene
Text Recognition (https://arxiv.org/abs/1507.05717)")
```

```
parser.add_argument('--input', '-i', type=str, help='Path to the input image.
Omit for using default camera.')
parser.add_argument('--model','-m',type=str,
default='text_recognition_CRNN_EN_2021sep.onnx', help='Path to the model.')
parser.add_argument('--backend','-b',type=int,default=backends[0],
help=help_msg_backends.format(*backends))
parser.add_argument('--target','-t',type=int,default=targets[0],
help=help_msg_targets.format(*targets))
parser.add_argument('--charset', '-c', type=str, default='charset_36_EN.txt',
help='Path to the charset file corresponding to the selected model.')
parser.add_argument('--save', '-s', type=str, default=False, help='Set true to save
results.
This flag is invalid when using camera.')
parser.add_argument('--vis', '-v', type=str2bool, default=True,
help='Set true to open a window for result visualization.
This flag is invalid when using camera.')
parser.add_argument('--width', type=int, default=736,
help='Preprocess input image by resizing to a specific width. It should be multiple by 32.')
parser.add_argument('--height', type=int, default=736,
help='Preprocess input image by resizing to a specific height. It should be multiple by 32.')
args = parser.parse_args()
def visualize(image, boxes, texts, color=(0, 255, 0), isClosed=True, thickness=2):
    output = image.copy()
    pts = np.array(boxes[0])
    output = cv.polylines(output, pts, isClosed, color, thickness)
    for box, text in zip(boxes[0], texts):
        cv.putText(output,text, (box[1].astype(np.int32)),
cv.FONT_HERSHEY_SIMPLEX, 0.5, (0, 0, 255), 2)
    return output
if __name__ == '__main__':
    # 初始化 CRNN
```

```
recognizer = CRNN(modelPath=args.model, charsetPath=args.charset)
# 初始化 DB
detector = DB(modelPath='text_detection_DB_IC15_resnet18_2021sep.onnx',
          inputSize=[args.width, args.height],
          binaryThreshold=0.3,
          polygonThreshold=0.5,
          maxCandidates=200,
          unclipRatio=2.0,
          backendId=args.backend,
          targetId=args.target
)
# 若输入为图像
args.input = "dl.jpg"
if args.input is not None:
    image = cv.imread(args.input)
    original_w = image.shape[1]
    original_h = image.shape[0]
    image = cv.resize(image, [args.width, args.height])
    # 推理
    results = detector.infer(image)
    texts = []
    for box, score in zip(results[0], results[1]):
        texts.append(
            recognizer.infer(image, box.reshape(8))
        )
    # 将结果绘制在图上
    image = visualize(image, results, texts)
    image = cv.resize(image, [original_w, original_h])
    # save 为 true 时，保存结果
    if args.save:
        print('Resutls saved to result.jpg\n')
```

```
            cv.imwrite('result.jpg', image)
        # 显示结果
        if args.vis:
            cv.namedWindow(args.input, cv.WINDOW_AUTOSIZE)
            cv.imshow(args.input, image)
            cv.imwrite('rec.jpg', image)
            cv.waitKey(0)
    else: # 若输入为摄像机
        deviceId = 0
        cap = cv.VideoCapture(deviceId)
        tm = cv.TickMeter()
        while cv.waitKey(1) < 0:
            hasFrame, frame = cap.read()
            if not hasFrame:
                print('No frames grabbed!')
                break
            original_w = frame.shape[1]
            original_h = frame.shape[0]
            frame = cv.resize(frame, [args.width, args.height])
            # 文本检测
            tm.start()
            results = detector.infer(frame)
            tm.stop()
            cv.putText(frame, 'Latency - {}: {:.2f}'.format(detector.name, tm.getFPS()),
(0, 15), cv.FONT_HERSHEY_SIMPLEX, 0.5, (0, 0, 255))
            tm.reset()
            # 文本识别
            if len(results[0]) and len(results[1]):
                texts = []
                tm.start()
                for box, score in zip(results[0], results[1]):
                    result = np.hstack(
```

```
                (box.reshape(8), score)
            )
            texts.append(
                recognizer.infer(frame, box.reshape(8))
            )
        tm.stop()
        cv.putText(frame, 'Latency - {}:
{:.2f}'.format(recognizer.name, tm.getFPS()), (0, 30),
 cv.FONT_HERSHEY_SIMPLEX, 0.5, (0, 0, 255))
        tm.reset()
        # 将结果绘制在图上
        frame = visualize(frame, results, texts)
        #print(texts)
    frame = cv.resize(frame, [original_w, original_h])
    # 显示图像
    cv.imshow('{} Demo'.format(recognizer.name), frame)
```

10.3.4.2 运行示例

我们可以按照下面的步骤进行实践。

(1) 首先按照第 I 部分要求进行硬件和软件环境配置，如果环境已经配置，本步可以跳过。

(2) 通过 cd 指令进入到存放有指定 text_detection_crnn_test.py 文件的文件目录下 (假定文件按照第 I 部分的路径组织，该文件目录处于 Ubuntu 系统的桌面中的 examples 母文件夹中的子文件夹 08 内，如图 10-12 所示。实际操作中读者可根据具体文件所在位置进入对应的路径下)。

```
khadas@Khadas:~$ cd Desktop
khadas@Khadas:~/Desktop$ cd examples
khadas@Khadas:~/Desktop/examples$ cd 08
```

图 10-12　终端打开文件

(3) 使用 python3 命令运行 text_detection_crnn.py 文件，如图 10-13 所示。

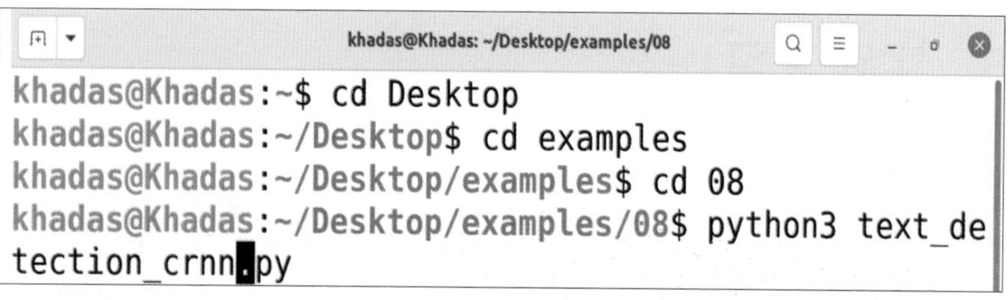

图 10-13　终端运行深度学习人脸识别

(4) 实验结果。

在文件 text_detection_crnn.py 中，模型的加载方式可参照 10.3.2 节，结果如图 10-14 所示。当图像显示窗口激活时，按任意键退出程序。

图 10-14　CTC 方法示例结果

10.4　小结

文本识别是人工智能领域的一项重要技术。在本章中，我们对文本识别有了初步认识，同时还介绍了常见的文本识别方法。其中，不仅有传统的文本识别方法，比如以 MSER 和 NMS 为基础的算法，该算法中的重要概念包括分水岭思想和通过非极大值抑制对所有可能的目标点进行筛选；还有以深度学习为基础的文本识别算法，如 DB 算法和 CTC 算法，DB 算法采用的可微二值化方式相较跳跃式的二值化方式，能有效提高算法的性能，CTC 算法引入动态规划，解决了模型中端到端的处理问题。

通过本章的学习，读者应该熟悉文本识别的具体过程，并且能理清几种基本算法的实现原理，在此基础上，最好自己动手实现简单的文本识别算法。

10.5 实践习题

(1) 实现以 advanced_EAST 算法为基础的文本检测算法，示例如图 10-15 所示。

图 10-15 advanced_EAST 算法

(2) 尝试将本节的文本识别算法包装成软件，可通过图形界面应用编程软件实现，样例如图 10-16 所示。

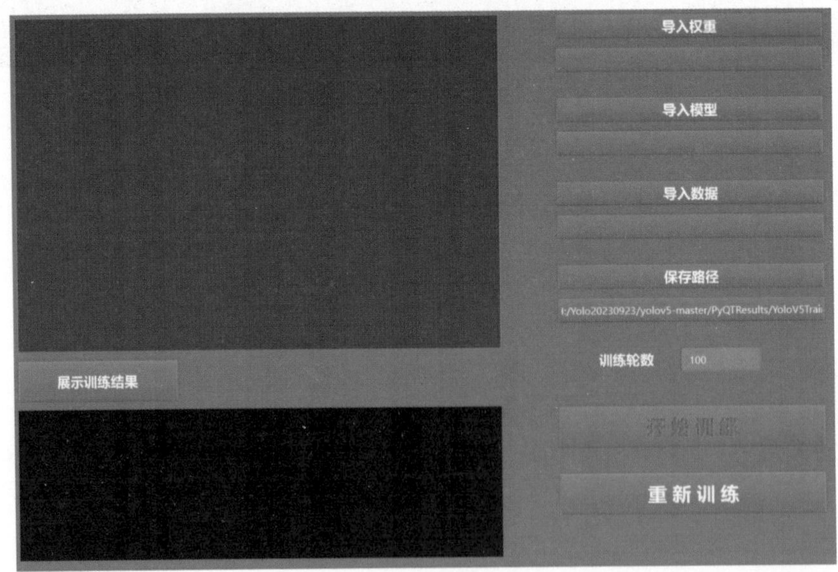

图 10-16 文本识别软件

第 11 章 条形码与二维码识别应用

11.1 概述

条形码与二维码是我们生活中常见的信息载体，条形码多用于商品价格信息标注，二维码多用于收付款、识别账号信息、识别网址等。正确认识它们并学习对应的解码方法对我们的生活也有一定帮助。

条形码由一系列的垂直黑条和间隔组成，这些条和间隔的宽度和排列方式编码了特定的信息。条形码的编码规则包括了起始符、数据符、校验符和终止符等元素。识别条形码需要经过图像预处理、边缘检测、轮廓提取、轮廓筛选、解码处理等步骤。

二维码是由一系列黑白像素组成的矩阵图形，相比于条形码，它可以在水平和垂直方向上存储更多的信息。二维码的构成包括了定位模块、对齐模块、定时模块和数据模块等。识别二维码需要经过图像预处理、定位和对齐、版本和大小估计、模块检测和解码等步骤。

本章主要介绍了条形码与二维码的检测与识别，简单介绍了二维码与条形码的组成，运用 opencv-python 与实验箱来对条形码与二维码进行识别。其中二维码的解码运用到了两种模型。本章末尾留有三道习题，读者可运用在本章学习到的知识来进行实践。

11.2 条形码与二维码识别

下面将阐述条形码与二维码的识别。

11.2.1 条形码与二维码简史

条形码的概念最早由美国工程师诺曼·伍德兰 (Norman Woodland) 和伯纳德·西尔弗 (Bernard Silver) 于 20 世纪 40 年代提出。他们想到使用一种可被机器自动识别的编码系统，以便在商业和工业领域更高效地管理和追踪商品。最初的条形码是由一系列宽度不同的平行线组成，这些线条代表了不同的数字。

然而，直到 20 世纪 70 年代末和 80 年代初，条形码技术才得以广泛应用。1974 年，美国的一家超市首次使用了条形码系统进行商品销售和库存管理。此后，条形码的应用逐渐普及，成为全球商业中不可或缺的工具。

二维码的概念最早由日本汽车零件制造商丰田电机公司在 1994 年提出。当时，该公司希望开发一种能够存储更多信息的编码系统，以便在生产过程中更好地追踪零件。

第一个真正实用的二维码系统是由日本的电装株式会社①下属的 DENSO WAVE 公司于 1994 年开发的 QR 码 (Quick Response Code)。QR 码通过使用矩阵图形，可以存储大量的数据，并且可以在扫描设备上快速解码。由于其高容量和高速度，QR 码在日本很快被广泛接受，并在全球范围内应用于不同领域，如广告、营销、支付等。

随着智能手机和移动设备的普及，二维码的使用更加方便，它们成为连接实体世界与数字世界的桥梁。如今，二维码已成为全球范围内广泛使用的信息传递工具，提供了更多的功能和应用场景，如电子支付、门票验证、商品追踪等。

本章将向读者简单介绍条形码与二维码的结构与编码方式，随后会讲解识别条形码与二维码所用到的算法并讲解涉及的 OpenCV 代码。

---

① 编注：成立于 1949 年，总部位于爱知县，是一家面向大型汽车厂商提供多样化产品及售后服务的汽车零部件供应商。1987 年进入中国，2019 年有 16 000 名中国员工。

11.2.2 条形码与二维码结构

条形码是一种代表数字、字母和其他字符的图形化形式，它通过将这些字符编码成不同宽度的黑白条纹来表示。条形码通常用于商业和物流领域，可以快速准确地识别和记录商品信息。如图 11-1 所示。

图 11-1　条形码

而二维码是一种二维图形码，它可以存储更多的数据信息。与条形码不同，二维码不仅能够表示数字和字母，还可以编码图像、链接、文本等多种数据类型。二维码的结构由黑白像素点的排列组成，通常具有方形或矩形的外观。如图 11-2 所示。

图 11-2　常见二维码

11.2.3 一维条形码识别

识别条形码分为检测定位和解码两个部分，流程如图 11-3 所示。

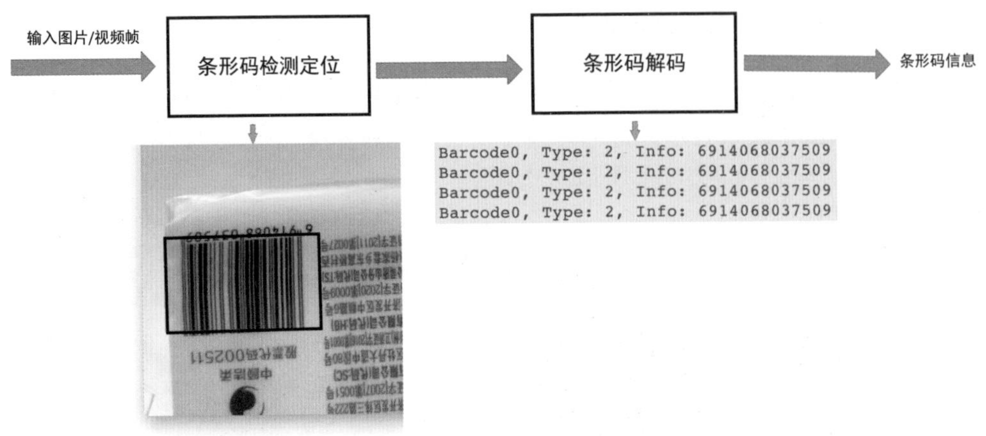

图 11-3　条形码识别流程

检测定位用的是基于方向一致性的条码定位算法，根据条形码方向趋于一致的特点，可以将图像分块，通过计算每个块内梯度方向的一致性来滤掉那些低一致性的块，如图 11-4(a) 所示。

由于包含条码区域的块一定连续存在的特性，所以我们可以通过对这些图像块再进行一个改进的腐蚀操作滤掉部分背景图像块，如图 11-4(b) 所示。

得到这些块之后，我们再根据每个图像块内的平均梯度方向进行连通。因为如果是相邻的图像块都属于同一个条码的话，说明它们的平均梯度方向也一定相同。

得到连通区域之后，我们再根据条码图像的特性进行筛选，比如连通区域内的梯度大于阈值的点的比例以及组成连通区域的图像块数量等。

最后，用最小外接矩形去拟合每个连通区域，并计算外界矩形的方向是否和连通区域内的平均梯度方向一致，过滤掉差距较大的连通区域。将平均梯度方向作为矩形的方向，并将矩形作为最终的定位框，如图 11-4(c) 所示。

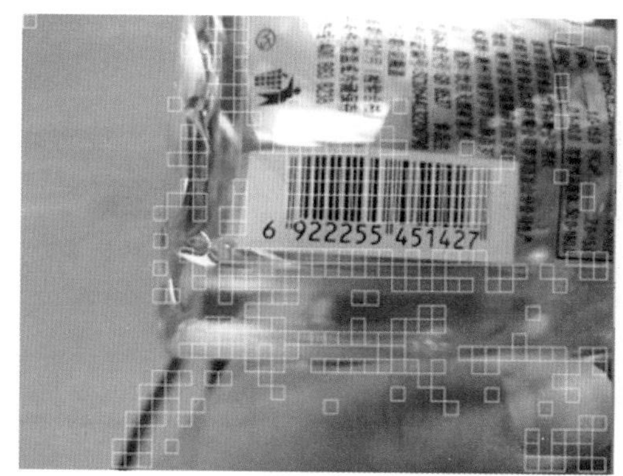

(a) 梯度方向一致的块

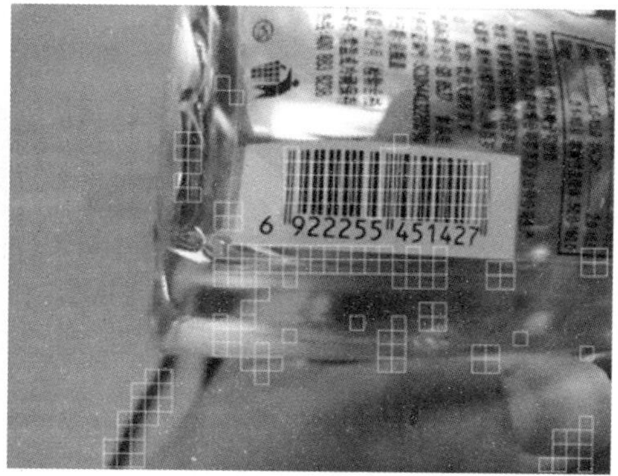

(b) 连续的块

(c) 画出最小外接矩形

图 11-4 条形码检测定位

解码部分目前 OpenCV 支持三种类型的条码解码，分别是 EAN13、EAN8 和 UPC-A。

条码识别流程如图 11-6 所示。

图 11-5 EAN13 条码示例

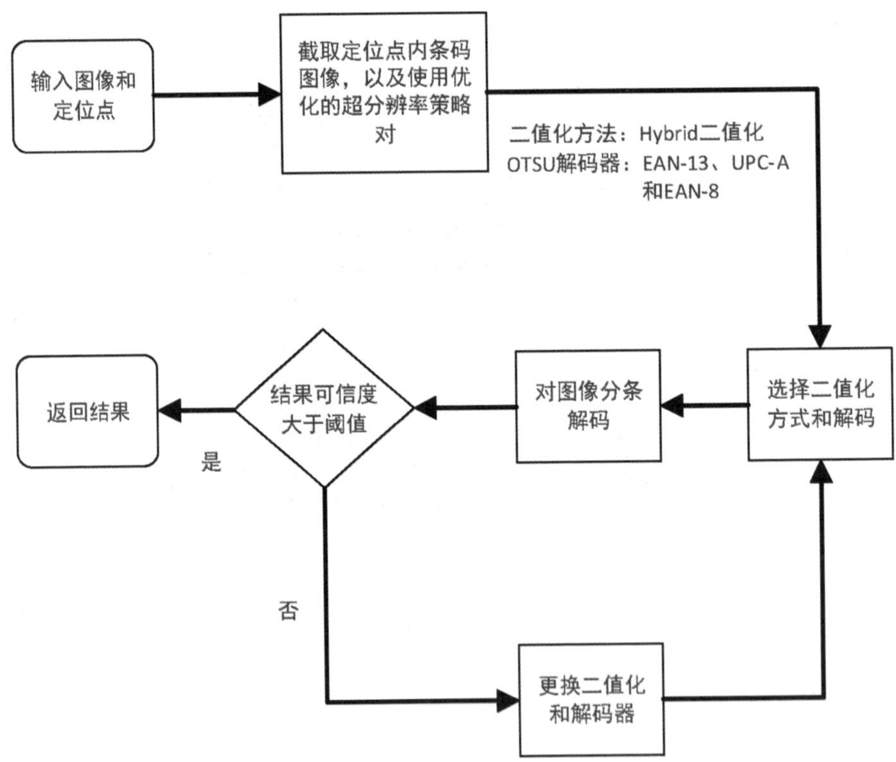

图 11-6 条形码解码流程

其中，优化的超分辨率策略指的是对较小的条码进行超分辨率放大，不同大小条码做不同处理。

解码算法的核心是基于条码编码方式的向量距离计算。因为条码的编码格式为固定的数个“条空”,所以可以在约定好“条空”间隔之后。将固定的条空读取为一个向量，接下来与约定好的编码格式相匹配，取匹配程度最高的编码为结果。

在解码步骤中，解码的单位为一条线，由于噪点，条空的粘连等原因，单独条码的解码结果存在较大的不确定性，OpenCV 中加入了对多条线的扫码，通过对均匀分布的扫描与解码，能够将二值化过程中的一些不完美之处加以抹除。

opencv_contrib 库中提供了条形码识别的功能，其主要流程如下，实例见 11.3.2 节。

条形码识别功能通过 BarcodeDetector 类来完成。

(1) 创建检测器类对象。

```
bar_det = cv2.barcode.BarcodeDetector()
```

(2) 进行条码检测识别。

```
ret, info, type, points = bar_det.detectAndDecode()
```

或者检测和识别分别进行。

```
ret, points = bar_det.detect()
```

```
ret, info, type = bar_det.decode()
```

(3) 创建并初始化 BarcodeDetector 对象。

```
detector = cv2.barcode.BarcodeDetector(prototxt_path, model_path)
```

- prototxt_path：超分模型的 prototxt 文件（可选）。
- model_path：超分模型文件（可选）。
- detector：返回的检测器对象。

(4) 条形码检测和识别。

```
retval, info, type, points = cv2.barcode.BarcodeDetector.detectAndDecode(img)
```

- img：输入图像。
- info：条形码的信息。
- type：条形码的类型。目前支持 EAN13、EAN8 和 UPC- A 三种条形码的解码。
- points：条形码四个顶点的位置。如果图像中有 *n* 个条形码，points 的大小为 [n][4]，顶点的存放顺序为左下顶点、左上顶点、右上顶点、右下顶点。
- retval：返回值。

```
points = cv2.barcode.BarcodeDetector.detect(img)
```

- img：输入图像。
- points：条形码四个顶点的坐标。如果图像中有 *n* 个条形码，points 的大小为 [n][4]，顶点的存放顺序为左下顶点、左上顶点、右上顶点、右下顶点。

```
info, type = cv2.barcode.BarcodeDetector.decode(img, points)
```

- img：输入图像。
- points：条形码四个顶点的坐标。如果图像中有 *n* 个条形码，points 的大小为 [n][4]，顶点的存放顺序为左下顶点、左上顶点、右上顶点、右下顶点。
- info：条形码的信息。
- type：条形码的类型。

11.2.4 二维码识别

下面介绍二维码识别流程及相关示例。

11.2.4.1 二维码识别流程

二维码识别流程如图 11.7 所示。

OpenCV 提供了两种 QR 码检测的方法。

(1) 基于传统算法的方法：QRCodeDetector 类，实例见 11.3.3 节。

(2) 基于深度学习的方法（微信“扫一扫”引擎的开源）：WeChatQRCode 类，实例见 11.3.4 节。

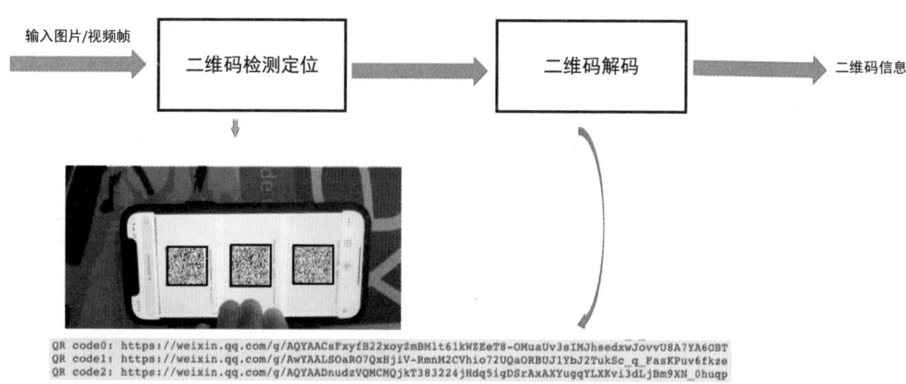

图 11-7　二维码识别流程

用 QRCodeDetector 进行 QR 码检测识别：

```
qr_det = cv2.QRCodeDetector()
info, points, straight_qrcode = qr_det.detectAndDecode(img)
info, points, straight_qrcode = qr_det.detectAndDecodeCurved(img)
retval, info, points, straight_qrcode = qr_det.detectAndDecodeMulti(img)
retval, points = qr_det.detect(img)
retval, points = qr_det.detectMulti(img)
info, straight_qrcode = qr_det.decode(img, points)
info, straight_qrcode = qr_det.decodeCurved(img, points)
retval, info, straight_qrcode = qr_det.decodeMulti(img, points)
```

(1) 单 QR 码检测识别。

```
info, points, straight_qrcode = cv2.QRCode.detectAndDecode(img)
```

- img：输入图像。
- info：QR 码表达的信息。
- points：QR 码的四个顶点。
- straight_qrcode：校正的二值 QR 码图像。

(2) 图像不平时 (QR 码可能有畸变) 的 QR 码检测识别。

```
info, points, straight_qrcode = cv2.QRCode.detectAndDecodeCurved(img)
```

- img：输入图像。
- info：QR 码表达的信息。
- points：QR 码的四个顶点。
- straight_qrcode：校正的二值 QR 码图像。

(3) 图像中有多个 QR 码时的检测识别。

```
retval, info, points, straight_qrcode = cv2.QRCode.detectAndDecodeMulti(img)
```

- img：输入图像。
- info：QR 码表达的信息。
- points：QR 码的四个顶点。
- straight_qrcode：校正的二值 QR 码图像。
- retval：返回值。

11.2.4.2 用 WeChatQRCode 进行 QR 码检测识别

微信的 QR 码检测是基于深度学习的方法，包含了两个模型：用于 QR 码定位的目标检测模型 (934K) 和用于放大小 QR 码的超分模型 (23K)。运用了卷积神经网络对二维码进行检测，并用基于深度学习的超分辨率技术对小型二维码进行增强，满足移动端的应用需求。

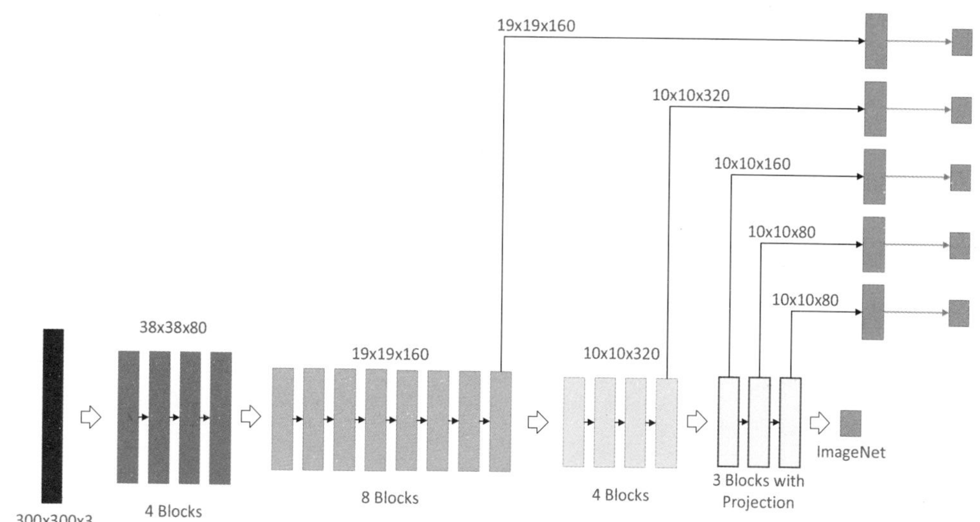

(a) 目标检测模型

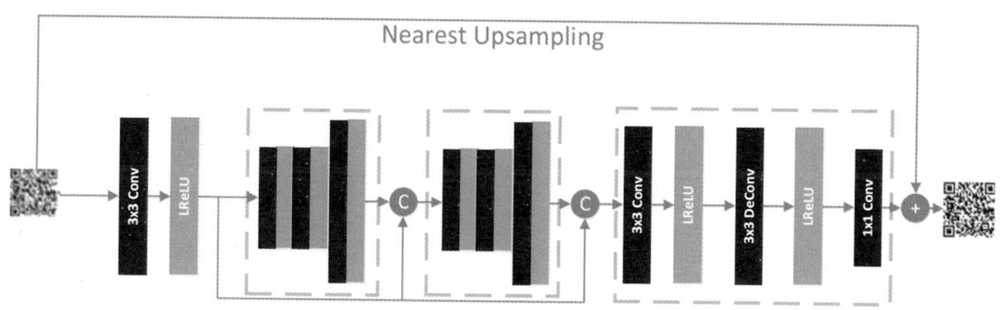

(b) 超分辨率模型

图 11-8　WeChatQRCode 二维码识别流程

11.3　条形码与二维码识别示例

至于条形码和二维码的识别，示例如下。

11.3.1 实验准备

本章的实践所使用的硬件和软件环境请参照第 I 部分实践环境部分进行配置。

11.3.2 一维条形码实例

本实验所需文件：barcode.py、sr.caffemodel 和 sr.prototxt

本实验依赖库：OpenCV-Python(即 cv2) 和 Numpy

11.3.2.1 代码实现

代码实现如下。

```
#!/usr/bin/env python3
# encoding:utf-8

import cv2 as cv
import numpy as np

def main():
    device_id = 0
    cap = cv.VideoCapture(device_id)            # 读取摄像头
    if not cap.isOpened():
        print('Failed to open camera.')
        exit(0)
    sr_prototxt = ,sr.prototxt'
    sr_model = ,sr.caffemodel'
    # 读取条形码检测模型
 bar_det = cv.barcode.BarcodeDetector(sr_prototxt, sr_model)
    while cv.waitKey(1) < 0:
        hasFrame, frame = cap.read()
        if not hasFrame:
            print('Failed to grab frame.')
            break
```

```
        grey_frame = cv.cvtColor(frame, cv.COLOR_BGR2GRAY)

        # 条形码检测和解码
        retval, decode_info, decode_type, corners = bar_det.detectAndDecode(grey_frame)

        # 绘制结果
        if corners is not None:
            # 条形码位置
            corners = corners.astype(np.int32)
            cv.drawContours(frame, corners, -1, (0,255,0), 3)

            # 条形码内容
            if decode_info is not None:
                for idx in range(corners.shape[0]):
                    if len(decode_info) > idx:
                        print('Barcode{}, Type: {}, Info: {}'.
format(idx, decode_type[idx], decode_info[idx]))
                    else:
                        print('Failed to decode barcode {}.'.format(idx))
            else:
                print('Failed to decode.')

        cv.imshow('Barcode', frame)

    cap.release()
    cv.destroyAllWindows()

if __name__ == '__main__':
    main()
```

11.3.2.2 运行示例

图 11-9 给出了一个条形码。

图 11-9　示例条形码 (内容为 OpenCV)

我们可以按照下面的步骤进行实践。

(1) 首先按照第 I 部分要求进行硬件和软件环境配置，如果环境已经配置，本步可以跳过。

(2) 用 cd 指令进入到总课程下的 09 文件夹 (假定文件按照第 I 部分的路径组织，该文件目录处于 Ubuntu 系统的桌面中的 examples 文件夹内，操作如图 11-10 所示。实际操作中读者可根据具体文件所在位置进入对应的路径下)。

图 11-10　cd 指令进入文件夹

(3) 运行相应的 barcode.py 文件 (使用 python3 命令)，如图 11-11 所示。

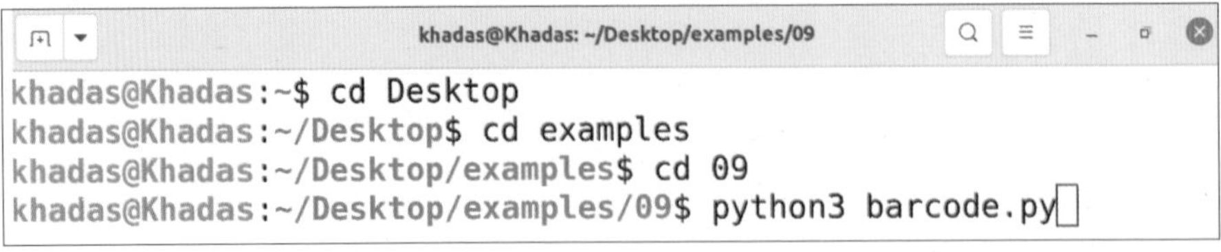

图 11-11　运行示例程序

(4) 若无法正常运行并提示如下信息需连接 Wi-Fi 安装 opencv-contrib-python 库 (见 2.3 节)，如图 11-12 所示。

```
Traceback (most recent call last):
  File "barcode.py", line 58, in <module>
    main()
  File "barcode.py", line 20, in main
    bar_det = cv.barcode_BarcodeDetector(sr_prototxt, sr_model)
AttributeError: module 'cv2' has no attribute 'barcode_BarcodeDetector'
```

图 11-12　提示信息

(5) 实验结果。

我们首先运用第 3 章学到的方法调用摄像头。通过调用 cv.barcode.BarcodeDetector (sr_prototxt, sr_model) 函数来创建条形码检测类的实例，传入参数为上文给出的同目录下的模型文件的文件名。

通过调用刚才创建的二维码检测类实例 bar_det 中的 bar_det.detectAndDecode(grey_frame) 来检测摄像头读取到的图像中的条形码并进行解码，传入的是转换过的灰度图，返回的值分别为返回值、条形码的信息、条形码的类型、条形码各顶点的位置。随后利用顶点位置坐标对图像中的条形码画框并输出识别信息。显示结果如图 11-13 和图 11-14 所示。

图 11-13　条形码识别示例运行结果

Barcode0, Type: 1, Info: 72518120

图 11-14　条形码识别结果（解码精度不高）

11.3.3　基于传统算法的二维码识别实例

本实验所需文件：qrcode.py

本实验依赖库：OpenCV(即 cv2)、NumPy、Argparse 和 Sys

11.3.3.1　代码实现

代码实现如下。

```
#!#!/usr/bin/env python3
# encoding:utf-8

#https://github.com/opencv/opencv/blob/4.x/samples/python/qrcode.py

'''
This program detects the QR-codes using OpenCV Library.
Usage:
  qrcode.py
'''


# Python 2/3 compatibility
from __future__ import print_function

import numpy as np
import cv2 as cv

import argparse
import sys
```

```
PY3 = sys.version_info[0] == 3
if PY3:
    xrange = range


class QrSample:    # 定义二维码识别的类
    def __init__(self, args):                          # 初始化参数
        self.fname = ''
        self.fext = ''
        self.fsaveid = 0
        self.input = args.input
        self.detect = args.detect
        self.out = args.out
        self.multi = args.multi
        self.saveDetections = args.save_detections
        self.saveAll = args.save_all

    def getQRModeString(self):
        msg1 = "multi " if self.multi else ""
        msg2 = "detector" if self.detect else "decoder"
        msg = "QR {:s}{:s}".format(msg1, msg2)
        return msg

    def drawFPS(self, result, fps):                    # 显示帧数
        message = '{:.2f} FPS({:s})'.format(fps, self.getQRModeString())
        cv.putText(result, message, (20, 20), 1,
                   cv.FONT_HERSHEY_DUPLEX, (0, 0, 255))

    def drawQRCodeContours(self, image, cnt):          # 画出二维码外轮廓
        if cnt.size != 0:
```

```
        rows, cols, _ = image.shape
        show_radius = 2.813 * ((rows / cols) if rows > cols else (cols / rows))
        contour_radius = show_radius * 0.4
        cv.drawContours(image, [cnt], 0, (0, 255, 0), int(round(contour_radius)))
        tpl = cnt.reshape((-1, 2))
        for x in tuple(tpl.tolist()):
            color = (255, 0, 0)
            cv.circle(image, tuple(x), int(round(contour_radius)), color, -1)

    def drawQRCodeResults(self, result, points, decode_info, fps):        # 输出检测结果
        n = len(points)
        if isinstance(decode_info, str):
            decode_info = [decode_info]
        if n > 0:
            for i in range(n):
                cnt = np.array(points[i]).reshape((-1, 1, 2)).astype(np.int32)
                self.drawQRCodeContours(result, cnt)
                msg = 'QR[{:d}]@{} : '.format(i, *(cnt.reshape(1, -1).tolist()))
                print(msg, end="")
                if len(decode_info) > i:
                    if decode_info[i]:
                        print("'", decode_info[i], "'")
                    else:
                        print("Can't decode QR code")
                else:
                    print("Decode information is not available (disabled)")
        else:
            print("QRCode not detected!")
        self.drawFPS(result, fps)

    def runQR(self, qrCode, inputimg):
```

```
    if not self.multi:
        if not self.detect:
            decode_info, points, _ = qrCode.detectAndDecode(inputimg)
            dec_info = decode_info
        else:
            _, points = qrCode.detect(inputimg)
            dec_info = []
    else:
        if not self.detect:
            _, decode_info, points, _ = qrCode.detectAndDecodeMulti(
                inputimg)
            dec_info = decode_info
        else:
            _, points = qrCode.detectMulti(inputimg)
            dec_info = []
    if points is None:
        points = []
    return points, dec_info

def DetectQRFrmImage(self, inputfile):                    # 检测图片中的二维码
    inputimg = cv.imread(inputfile, cv.IMREAD_COLOR)
    if inputimg is None:
        print('ERROR: Can not read image: {}'.format(inputfile))
        return
    print('Run {:s} on image [{:d}x{:d}]'.format(
        self.getQRModeString(), inputimg.shape[1], inputimg.shape[0]))
    qrCode = cv.QRCodeDetector()
    count = 10
    timer = cv.TickMeter()
    for _ in range(count):
        timer.start()
```

```
        points, decode_info = self.runQR(qrCode, inputimg)
        timer.stop()
    fps = count / timer.getTimeSec()
    print('FPS: {}'.format(fps))
    result = inputimg
    self.drawQRCodeResults(result, points, decode_info, fps)
    cv.imshow("QR", result)
    cv.waitKey(1)
    if self.out != '':
        outfile = self.fname + self.fext
        print("Saving Result: {}".format(outfile))
        cv.imwrite(outfile, result)

    print("Press any key to exit ...")
    cv.waitKey(0)
    print("Exit")

def processQRCodeDetection(self, qrcode, frame):    # 检测二维码
    if len(frame.shape) == 2:
        result = cv.cvtColor(frame, cv.COLOR_GRAY2BGR)
    else:
        result = frame
    print('Run {:s} on video frame [{:d}x{:d}]'.format(
        self.getQRModeString(), frame.shape[1], frame.shape[0]))
    timer = cv.TickMeter()
    timer.start()
    points, decode_info = self.runQR(qrcode, frame)
    timer.stop()

    fps = 1 / timer.getTimeSec()
    self.drawQRCodeResults(result, points, decode_info, fps)
```

```
        return fps, result, points

    def DetectQRFrmCamera(self):                    # 检测摄像头二维码
        cap = cv.VideoCapture(0)
        if not cap.isOpened():
            print("Cannot open the camera")
            return
        print("Press 'm' to switch between detectAndDecode and detectAndDecodeMulti")
        print("Press 'd' to switch between decoder and detector")
        print("Press ' ' (space) to save result into images")
        print("Press 'ESC' to exit")
        qrcode = cv.QRCodeDetector()
        while True:
            ret, frame = cap.read()
            if not ret:
                print("End of video stream")
                break
            forcesave = self.saveAll
            result = frame
            try:
                fps, result, corners = self.processQRCodeDetection(qrcode, frame)
                print('FPS: {:.2f}'.format(fps))
                forcesave |= self.saveDetections and (len(corners) != 0)
            except cv.error as e:
                print("Error exception: ", e)
                forcesave = True
            cv.imshow("QR code", result)
            code = cv.waitKey(1)
            if code < 0 and (not forcesave):
                continue
            if code == ord(' ') or forcesave:
```

```
            fsuffix = '-{:05d}'.format(self.fsaveid)
            self.fsaveid += 1
            fname_in = self.fname + fsuffix + "_input.png"
            print("Saving QR code detection result: '{}' ...".format(fname_in))
            cv.imwrite(fname_in, frame)
            print("Saved")
        if code == ord('m'):
            self.multi = not self.multi
            msg = 'Switching QR code mode ==> {:s}'.format(
                "detectAndDecodeMulti" if self.multi else "detectAndDecode")
            print(msg)
        if code == ord('d'):
            self.detect = not self.detect
            msg = 'Switching QR code mode ==> {:s}'.format(
                "detect" if self.detect else "decode")
            print(msg)
        if code == 27:
            print("'ESC' is pressed. Exiting...")
            break
    print("Exit.")

def main():
    # 接收一些参数
    parser = argparse.ArgumentParser(
        description='This program detects the QR-codes \
input images using OpenCV Library.')
    parser.add_argument(
        '-i',
        '--input',
        help="input image path \
```

```
(for example, 'opencv_extra/testdata/cv/qrcode/multiple/*_qrcodes.png)",
        default="",
        metavar="")
    parser.add_argument(
        '-d',
        '--detect',
        help="detect QR code only (skip decoding) (default: False)",
        action='store_true')
    parser.add_argument(
        '-m',
        '--multi',
        help="enable multiple qr-codes detection",
        action='store_true')
    parser.add_argument(
        '-o',
        '--out',
        help="path to result file (default: qr_code.png)",
        default="qr_code.png",
        metavar="")
    parser.add_argument(
        '--save_detections',
        help="save all QR detections (video mode only)",
        action='store_true')
    parser.add_argument(
        '--save_all',
        help="save all processed frames (video mode only)",
        action='store_true')
    args = parser.parse_args()
    qrinst = QrSample(args)
    if args.out != '':                    # 输入图片时输出图片的保存路径
        index = args.out.rfind('.')
```

```
        if index != -1:
            qrinst.fname = args.out[:index]
            qrinst.fext = args.out[index:]
        else:
            qrinst.fname = args.out
            qrinst.fext = ".png"
    if args.input != '':              # 判断输入是图片还是摄像头
        qrinst.DetectQRFrmImage(args.input)
    else:
        qrinst.DetectQRFrmCamera()

if __name__ == '__main__':
    main()
    cv.destroyAllWindows()
```

11.3.3.2 运行示例

我们来看图 11-15 的二维码。

图 11-15 示例二维码 (内容为 OpenCV)

我们可以按照下面的步骤进行实践。

(1) 首先按照第 I 部分要求进行硬件和软件环境配置，如果环境已经配置，本步可以跳过。

(2) 用 cd 指令进入到 09 文件夹 (假定文件按照第 I 部分的路径组织，该文件目录处于 Ubuntu 系统的桌面中的 examples 文件夹内，操作如图 11-16 所示。实际操作中读者可根据具体文件所在位置进入对应的路径下)。

图 11-16　cd 指令进入文件夹

(3) 用 python3 指令运行 qrcode.py 文件，可以选择在文件名后输入一些参数来对程序进行调整，具体参数功能可参考 11.3.1 节 main 函数开头部分代码并自行尝试。下面演示的是不传入参数的默认情况结果，如图 11-17 所示。

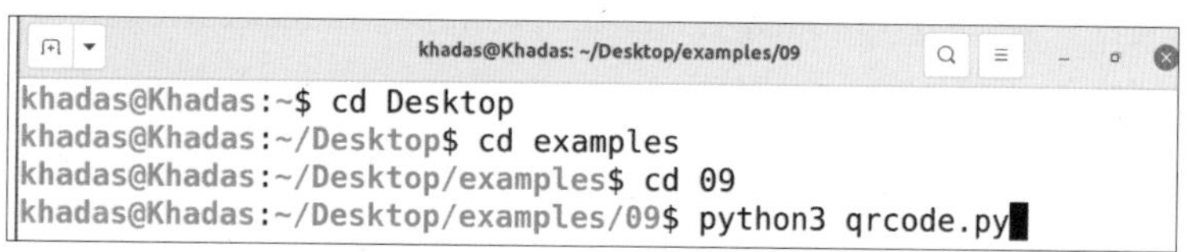

图 11-17　运行示例程序

(4) 实验结果。

调用代码中定义的 QrSample 类中的 DetectQRFrmCamera() 函数实现对摄像头输入图像的二维码的识别与解码。此函数创建二维码识别 cv.QRCodeDetector() 类的实例来对输入的摄像头二维码图像进行检测与解码。结果如图 11-18 和图 11-19 所示。

图 11-18　传统方法二维码识别示例运行结果图

```
Run QR decoder on video frame [640x480]
QR[0]@[207, 63, 521, 68, 519, 393, 189, 374] : 'opencv '
FPS: 49.48
```

图 11-19　二维码信息

按 m 键、d 键、空格键、Esc 键分别能实现切换单一\多个二维码检测、切换检测\识别、保存识别图片、退出程序功能。

11.3.4　基于深度学习的二维码识别实例

本实验所需文件：wechat_qrcode.py、detect.prototxt、detect.caffemodel、sr.prototxt 和 sr.caffemodel

本实验依赖库：OpenCV(即 cv2)、NumPy 和 Sys

11.3.4.1　代码实现

代码实现如下。

```
#!/usr/bin/env python3
# encoding:utf-8
# https://github.com/opencv/opencv_contrib/blob/4.x/modules/wechat_qrcode/samples/
qrcode.py

import cv2
import sys
import numpy as np

print(' 微信 QR 码识别演示 :')
camIdx = 0

try:                          # 创建微信二维码识别类的实例
    detector = cv2.wechat_qrcode_WeChatQRCode(
        "detect.prototxt", "detect.caffemodel", "sr.prototxt", "sr.caffemodel")
```

```
except:                    # 创建失败输出信息
    print("------------------------------------------------------------")
    print(" 初始化 WeChatQRCode 失败 .")
    print(" 请下载 'detector.*' 和 'sr.*'")
    print(" 下载地址 https://github.com/WeChatCV/opencv_3rdparty/tree/wechat_qrcode")
    print(" 并将其放在当前目录下 .")
    print("------------------------------------------------------------")
    exit(0)

prevstr = ""

cap = cv2.VideoCapture(camIdx)
while True:
    res, img = cap.read()
    if img is None:
        break
    res, points = detector.detectAndDecode(img)

    for idx in range(len(points)):
        box = points[idx].astype(np.int32)
        cv2.drawContours(img, [box], -1, (0,255,0), 3)
        print('QR code{}: {}'.format(idx, res[idx]))

    # for t in res:
    #     if t != prevstr:
    #         print(t)
    # if res:
    #     prevstr = res[-1]
    cv2.imshow("QRCode", img)
    if cv2.waitKey(30) >= 0:
        break
```

```
cap.release()
cv2.destroyAllWindows()
```

11.3.4.2　运行示例

我们可以按照下面的步骤进行实践。

(1) 首先按照第 I 部分要求进行硬件和软件环境配置，如果环境已经配置，本步可以跳过。

(2) 用 cd 指令进入到 09 文件夹（假定文件按照第 I 部分的路径组织，该文件目录处于 Ubuntu 系统的桌面中的 examples 文件夹中，操作如图 11-20 所示。实际操作中读者可根据具体文件所在位置进入对应的路径下）。

图 11-20　通过 cd 指令进入文件夹

(3) 通过 python3 指令运行 wechat_qrcode.py 文件，如图 11-21 所示。

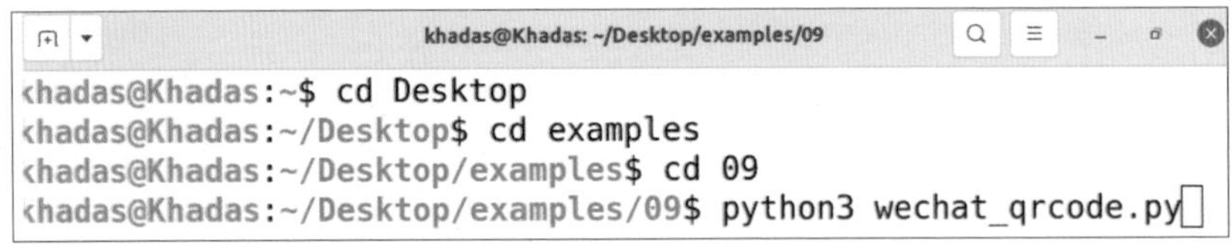

图 11-21　运行示例程序

(4) 实验结果。

程序结构类似 11.3.2 节创建 cv2.wechat_qrcode_WeChatQRCode 类并传入对应模型。调用 detectAndDecode 函数进行识别。循环读取识别到的每一组二维码位置坐标并进行画框与输出识别信息。如图 11-22 和图 11-23 所示。

图 11-22　基于深度学习的方法二维码识别示例运行结果

微信QR码识别演示：
QR code0: opencv

图 11-23　二维码信息

11.4　小结

本章介绍了条形码与二维码的识别，首先对条形码与二维码的发展历史和条形码与二维码的结构分别做了简要说明。随后介绍了条形码与二维码识别算法的基本流程与 OpenCV 中相关的 API，如 BarcodeDetector、QRCodeDetector、WeChatQRCode。本章分别提供了条形码识别与二维码识别的实例实验代码并介绍了操作流程与实验结果。

通过本章的学习，读者应该熟悉条形码与二维码识别的具体过程，并且能做到自己编写识别条形码与二维码的程序。

11.5　实践习题

(1) 仔细阅读 11.3.3 节的部分代码，理解其结构、语法以及功能的具体实现方法，如图 11-24 所示，改变运行 11.3.3 节部分代码的传入参数，尝试对应功能。

(2) 用 OpenCV 提供的图像处理函数实现条形码与二维码在视频中的提取，如图 11-25 所示。

(a) 传入 --m 参数识别多个二维码

Run QR decoder on video frame [640x480]
QR[0]@[437, 153, 547, 148, 559, 253, 445, 258] : 'QRcode '
QR[1]@[225, 138, 397, 131, 409, 297, 227, 304] : 'opencv '
FPS: 52.13

(b) 两个二维码各自信息

图 11-24 改变 11.3.3 节程序中的参数

(a) 识别视频中的条形码　　(b) 识别视频中的二维码

图 11-25 视频识别

第12章 基于视觉的机械臂实践

12.1 概述

传统的机械臂通常只能按照事先规划好的路径抓取目标物，为了加强机械臂控制系统的灵活性，使其具有自主感知周围环境的能力，基于视觉的机械臂控制技术已逐渐成为推动机器人产业发展的主流，同时为解决机械臂在未知环境下的自主抓取问题奠定基础。

本章主要内容围绕机器视觉相关的机械臂的实践进行展开，基于视觉的机械臂是一种利用视觉传感器获取环境信息，并根据视觉信息进行运动控制的机械臂系统，一般构成有视觉传感器、控制结构和传统机械臂。其运作流程可以简单概括为视觉数据采集、图像处理与分析、运动规划与控制以及最终的任务动作执行。基于视觉的机械臂通过融合视觉感知和运动控制，可以实现更智能和自适应的操作。本文还给出在 OpenCV 中机械臂的使用方法。在实践内容方面给出机械臂舵机控制和跟踪人脸的机械臂两个实例，便于读者进行相关的学习和实践。

本章末尾给出的两个实践习题有一定挑战性，学有余力的读者可以尝试挑战一下自己。该部分不附带演示过程和代码。

12.2　基于视觉的机械臂基础

下面将描述相关理论基础。

12.2.1　基于视觉的机械臂

近年来，随着人工智能技术的飞速发展，基于视觉的机械臂的应用价值也越来越重要。传统的机械臂通常只能按照事先规划好的路径抓取目标物，无法获取外界信息。然而，在周围环境未知或发生改变的情况下，机械臂需要重新调整才能完成抓取任务。为了增强机械臂控制系统的灵活性并赋予其自主感知周围环境的能力，基于视觉的机械臂控制技术逐渐成为推动机器人产业发展的主流，并为解决机械臂在未知环境下的自主抓取问题奠定基础。基于视觉的机械臂控制技术通过融合视觉传感器和图像处理算法，使机械臂能够感知和理解周围环境中的物体、形状、位置等信息。通过视觉数据采集、图像处理与分析、运动规划与控制等步骤，机械臂能够实时获取环境信息，并根据目标的位置、形状等特征进行精确的运动控制和抓取操作。基于视觉的机械臂控制技术的发展为机器人在未知环境中的自主感知和操作提供了新的可能性，推动了机械臂在工业自动化、机器人视觉导航、物体抓取和装配等领域的广泛应用。

本章将基于 MVB-NCUT 机器视觉实验箱所用到的视觉机械臂展开介绍，包括机械臂控制的基本原理和机械臂控制涉及到的 OpenCV 相关的代码原理，并且结合第 8 章人脸识别内容完成跟踪人脸的机械臂实现。

12.2.2　机械臂控制基本原理

本章涉及的机器视觉机械臂由一个负责图像采集的摄像头和具有抓取功能的机械爪以及六个舵机构成，具体的动作完成由 MVB-NCUT 机器视觉实验箱中的 Khadas VIM3 单板计算机进行控制完成，具体结构如图 12-1 所示。

机械臂运动控制需要考虑到机械臂的自由度，所谓机械臂的自由度，指机械臂在空间中能够自由运动的独立方向或参数的数量。每个自由度代表机械臂能够进行的独立运动。通常情况下，机械臂的自由度取决于其关节数量和类型。

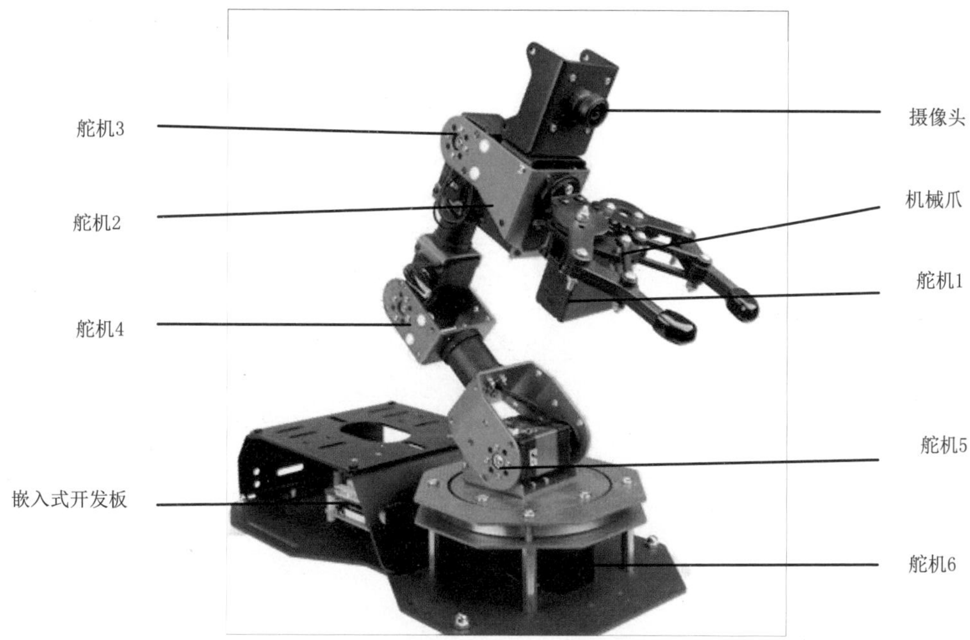

图 12-1　机械臂构成原理图

对于常见的机械臂，其自由度可以分为以下几种类型。

(1) 旋转自由度 (Rotational Degree of Freedom)：表示机械臂关节可以绕某个轴线进行旋转的能力。旋转自由度可以描述关节的角度变化，通常使用角度或弧度表示。

(2) 平移自由度 (Translational Degree of Freedom)：表示机械臂关节可以沿某个方向进行直线运动的能力。平移自由度可以描述关节的线性位移，通常使用距离或坐标表示。

(3) 握持自由度 (Gripping Degree of Freedom)：表示机械臂末端执行器（如夹爪或吸盘）的开合能力，以实现物体的抓取或释放。

总的自由度数量等于机械臂中各个关节自由度的总和。例如，一个由 6 个旋转关节组成的机械臂将具有 6 个旋转自由度，允许在空间中的 6 个不同方向进行独立的旋转运动。机械臂的自由度数量决定了其在执行任务时的灵活性和能力。较高的自由度意味着机械臂可以在更多的方向上进行精确控制，从而执行更复杂的任务。

一般机械臂由多个舵机组成，舵机是一种常见的伺服电机，它由直流电机、减速齿轮组、传感器和控制电路组成，形成一套自动控制系统。舵机控制在机械臂的运动中起着重要的作用，并为机械臂带来丰富的功能和灵活性。

舵机的工作原理是通过接收控制信号来调节输出轴的位置。具体来说，舵机内部的控制电路根据输入的控制信号，将其转化为相应的控制指令。传感器测量输出轴的位置，并将实际位置信息反馈给控制电路。控制电路根据目标位置和实际位置之间的差异，控制直流电机的转动方向和速度，使输出轴逐渐接近目标位置。减速齿轮组在这个过程中起到减速和增加输出扭矩的作用，确保舵机能够提供足够的力量来驱动机械臂的关节和执行器。一般使用 PWM(脉冲宽度调制)来控制，主要分为有限旋转舵机(输出旋转角度)和连续旋转舵机(输出旋转速度)，机械臂电机转动原理如图 12-2 所示。

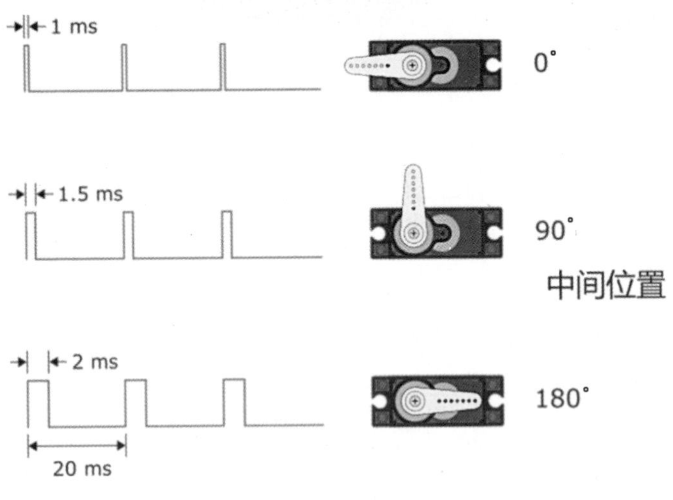

图 12-2　机械臂电机转动原理示意图

总的来说，舵机作为机械臂中重要的组成部分，通过自动控制系统实现对机械臂运动的精确控制，为机械臂的功能和灵活性提供了丰富的支持。

RobotArm 类提供了对机械臂的舵机进行控制的 API，具体实现可参考 12.3.2 节的代码实现部分。

(1) 设置舵机要旋转到的位置。

```
setAngle(id, angle, use_time)
```

- id：舵机 id。
- angle：舵机要旋转到的角度。
- use_time：舵机转动需要的时间。

(2) 驱动串口多集到指定位置。

```
def setBusServoPulse(self, id, pulse, use_time):
```

- 驱动串口舵机转到指定位置。
- id：要驱动的舵机 id。
- pulse：位置 0 - 1000 对应 0-240 度。
- use_time：转动需要的时间。

```
"""
pulse = 0 if pulse < 0 else pulse
pulse = 1000 if pulse > 1000 else pulse
use_time = 0 if use_time < 0 else use_time
use_time = 30000 if use_time > 30000 else use_time
self.serial_serro_wirte_cmd(id, LOBOT_SERVO_MOVE_TIME_WRITE, pulse, use_time)
```

12.2.3 跟踪人脸的机械臂实现流程

图 12-3 为实现跟踪人脸的机械臂的具体流程。

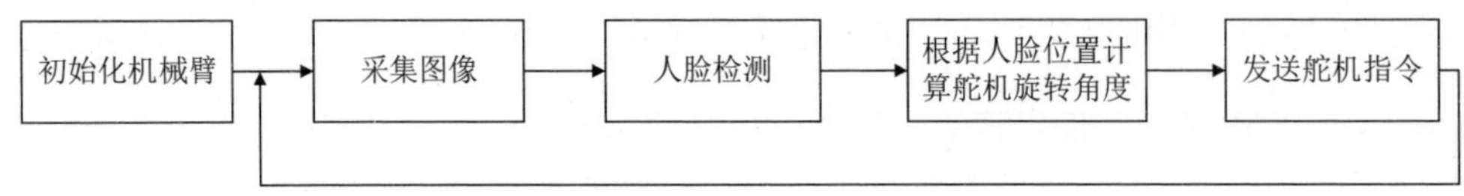

图 12-3　跟踪人脸的机械臂实现流程图

具体描述如下。

初始化机械臂：将机械臂置于直立状态，摄像头旋转，正对用户。

```
# 连接机械臂 arm = RobotArm("/dev/ttyUSB", 115200)
# 初始化机械臂姿势，让机械臂呈站立姿态；顶部转 90 度，让摄像头平视
arm.setAngle(1, -90, 1000) # 电机的角度为 -90（张开爪子），1000ms 完成调整 time.
sleep(1.0) # 暂停 1.0 秒，等待电机调整完毕
arm.setAngle(2,0, 1000)
time.sleep(1.0) # 暂停 1.0 秒，等待电机调整完毕
arm.setAngle(3, -90, 1000) # 电机 3 转到 -90 度让摄像头平视
time.sleep(1.0) # 暂停 1.0 秒，等待电机调整完毕
arm.setAngle(4, 0, 1000)
time.sleep(1.0) # 暂停 1.0 秒，等待电机调整完毕
arm.setAngle(5, 0,1000)
time.sleep(1.0) # 暂停 1.0 秒，等待电机调整完毕
arm.setAngle(6, 0,1000)
time.sleep(1.0) # 暂停 1.0 秒，等待电机调整完毕
```

人脸检测：详情可以参考 8.2 节内容。

根据人脸位置计算舵机旋转角度，并发送指令给舵机。

```
# 计算人脸框的中心
centerx = bbox[0]+ bbox[2] / 2
centerx = bbox[1]+ bbox[3] / 2
```

```
# 为了让人脸处于中心，摄像头在 x 方向和 y 方向应该移动的角度
stepx = (centerx - w /2) / (-15)
stepy = (centery - h /2) / (-15)
# 当前电机 6 和电机 3 的角度
oldanglex = arm.getAngle(6)
oldangley = arm.getAngle(3)
# 转动电机 6 和电机 3
arm.setAngle(6，oldanglex + stepx，100)
arm.setAngle(3，oldangley + stepy，100)
time.sleep(0.1)
```

12.3　基于视觉的机械臂示例

相关示例如下。

12.3.1　实验准备

本章的实践所使用的硬件和软件环境请参照第 I 部分实践环境部分进行配置。

12.3.2　机械臂舵机控制实例

本实验所需文件：RobotArm.py 和 servo_test.py

本实验依赖库：OpenCV-Python(即 cv2)

12.3.2.1　代码实现

代码实现如下。

```
import time
import cv2 as cv
from RobotArm import RobotArm
```

```
window_name = 'Camera'  # 命名窗口名称
servo_id = 1
arm = RobotArm("/dev/ttyUSB0", 115200) # 选择机械臂通信接口

def set_id(idx):
    global servo_id
    servo_id = idx

def set_angle(angle):
    arm.setAngle(servo_id, angle-120, 100)
    time.sleep(0.1)

def main():

    # 初始化机械臂姿势，让机械臂呈站立姿态
    print(' 初始化机械臂 ...')
    arm.setAngle(1, 0, 1000) # 电机 1，控制机械爪，1000ms 完成调整
    time.sleep(1.0) # 暂停 1.0 秒，等待电机调整完毕
    print(' 舵机 1 ok')
    arm.setAngle(2, 0, 1000)
    time.sleep(1.0) # 暂停 1.0 秒，等待电机调整完毕
    print(' 舵机 2 ok')
    arm.setAngle(3, 0, 1000) # 电机 3，控制摄像头
    time.sleep(1.0) # 暂停 1.0 秒，等待电机调整完毕
    print(' 舵机 3 ok')
    arm.setAngle(4, 0, 1000)
    time.sleep(1.0) # 暂停 1.0 秒，等待电机调整完毕
    print(' 舵机 4 ok')
    arm.setAngle(5, 0, 1000)
    time.sleep(1.0) # 暂停 1.0 秒，等待电机调整完毕
    print(' 舵机 5 ok')
```

```
    arm.setAngle(6, 0, 1000)
    time.sleep(1.0) # 暂停 1.0 秒，等待电机调整完毕
    print(' 舵机 6 ok')

    cv.namedWindow(window_name)
    cv.createTrackbar('servo id', window_name, 1, 6, set_id)
    cv.createTrackbar('angle', window_name, 0, 240, set_angle)

    cap = cv.VideoCapture(0)
    while cv.waitKey(1) < 0:
        _, frame = cap.read()
        cv.imshow(window_name, frame)

    cv.destroyAllWindows()
    # 退出程序前，将所有马达卸载动力
    arm.unloadBusServo(1) # 马达 1 卸载动力
    arm.unloadBusServo(2) # 马达 2 卸载动力
    arm.unloadBusServo(3) # 马达 3 卸载动力
    arm.unloadBusServo(4) # 马达 4 卸载动力
    arm.unloadBusServo(5) # 马达 5 卸载动力
    arm.unloadBusServo(6) # 马达 6 卸载动力

if __name__ == '__main__':
    main()
```

12.3.2.2 运行示例

我们可以按照下面的步骤进行实践。

(1) 首先按照第 I 部分要求进行硬件和软件环境配置，如果环境已经配置，本步可以跳过。

(2) 通过 cd 指令进入到存放有指定 servo_test.py 文件的文件目录下（假定文件按照第I部分的路径组织，该文件目录处于 Ubuntu 系统的桌面中的 examples 母文件夹中的子文件夹 10 内的 facetrack 文件夹中，如图 12-4 所示。实际操作中读者可根据具体文件所在位置进入对应的路径下）。

```
khadas@Khadas:~$ cd Desktop
khadas@Khadas:~/Desktop$ cd examples/
khadas@Khadas:~/Desktop/examples$ cd 10
khadas@Khadas:~/Desktop/examples/10$ cd facetrack/
khadas@Khadas:~/Desktop/examples/10/facetrack$ python3 servo_te
st.py
```

图 12-4　进入指定路径示意图

(3) 如图 12-5 所示，使用 python3 命令运行 servo_test.py 文件。

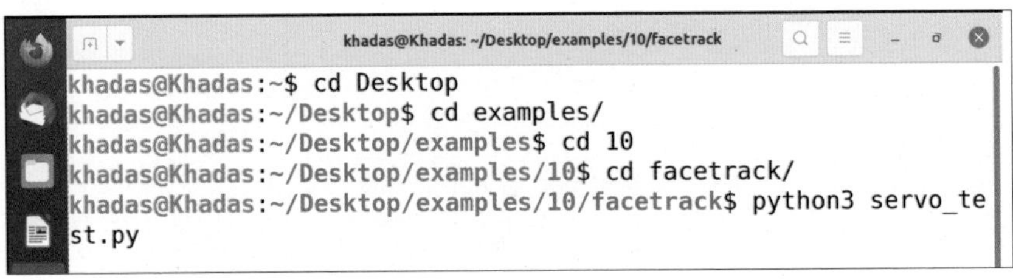

图 12-5　运行相应文件

(4) 实验结果。

载入 RobotArm.py 文件后实现与机械臂的通信，通过 arm.setAngle(1，0，1000)，arm.setAngle(2，0，1000)，arm.setAngle(3，0，1000)，arm.setAngle(4，0，1000)，arm.setAngle(5，0，1000)，arm.setAngle(6，0，1000) 使得初始化机械臂姿势，让机械臂呈站立姿态；顶部转 90 度，并让摄像头平视，实验结果如图 12-6 所示。

如图 12-7 所示，本代码仍带有界面对于每个点电机的角度控制，servo id 对应为电机编号，angle 为要调节的角度值，有兴趣的读者可以进行控制尝试。

```
khadas@Khadas:~/Desktop/examples$ cd 10
khadas@Khadas:~/Desktop/examples/10$ cd facetrack/
khadas@Khadas:~/Desktop/examples/10/facetrack$ python3 servo_te
st.py
初始化机械臂...
舵机1 ok
舵机2 ok
舵机3 ok
舵机4 ok
舵机5 ok
```

图 12-6 初始化机械臂

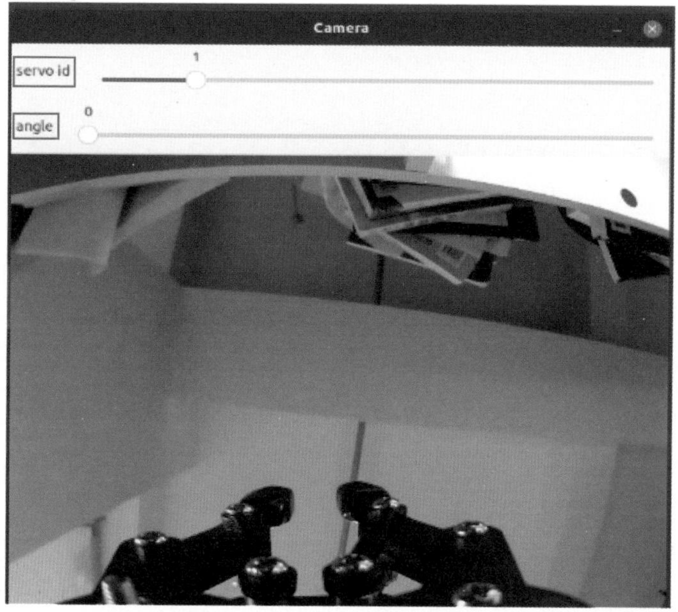

图 12-7 机械臂电机角度控制

12.3.3 跟踪人脸的机械臂实例

本实验所需文件：facedetect.py、face_detection_yunet_2022mar.onnx 和 RobotArm.py

本实验依赖库：OpenCV-Python(即 cv2) 和 Numpy

12.3.3.1 代码实现

代码实现如下。

```
import time
import cv2 as cv                    # 导入 OpenCV 库以调用图像处理函数
import numpy as np
from RobotArm import RobotArm

def detect_face(detector, image):
    ''' 人脸检测函数
    '''
    h, w, c = image.shape
    if detector.getInputSize() != (w, h):
        detector.setInputSize((w, h))

    faces = detector.detect(image)
    return [] if faces[1] is None else faces[1]


if __name__ == '__main__':
    # 连接机械臂
    arm = RobotArm("/dev/ttyUSB0", 115200)

    # 初始化机械臂姿势，让机械臂呈站立姿态；顶部转 90 度，让摄像头平视
    arm.setAngle(1, -90, 1000) # 电机 1 的角度为 -90( 张开爪子 )，1000ms 完成调整
    time.sleep(1.0) # 暂停 1.0 秒，等待电机调整完毕
    arm.setAngle(2, 0, 1000)
    time.sleep(1.0) # 暂停 1.0 秒，等待电机调整完毕
    arm.setAngle(3, -90, 1000) # 电机 3 转到 -90 度，让摄像头平视
    time.sleep(1.0) # 暂停 1.0 秒，等待电机调整完毕
    arm.setAngle(4, 0, 1000)
```

```
time.sleep(1.0) # 暂停 1.0 秒，等待电机调整完毕
arm.setAngle(5, 0, 1000)
time.sleep(1.0) # 暂停 1.0 秒，等待电机调整完毕
arm.setAngle(6, 0, 1000)
time.sleep(1.0) # 暂停 1.0 秒，等待电机调整完毕

# 打开摄像头，如果失败，修改 device_id 为 0，1，2 中的某个值，继续尝试
# 仍然失败，检查 USB 摄像头是否连接
device_id = 0
cap = cv.VideoCapture(device_id)
# 设置采集图像为 320x240 大小
# 因为 320x240 检测效果最好，图像太大容易出误检测
cap.set(cv.CAP_PROP_FRAME_WIDTH, 320)
cap.set(cv.CAP_PROP_FRAME_HEIGHT, 240)
w = int(cap.get(cv.CAP_PROP_FRAME_WIDTH))
h = int(cap.get(cv.CAP_PROP_FRAME_HEIGHT))
# 打印尺寸，用于确认
print("Image size: ", w, x, h)
# 创建一个窗口，用于显示图像
cv.namedWindow("Camera", 0)

# 装载人脸检测 ONNX 模型
detector = cv.FaceDetectorYN.create(
    "face_detection_yunet_2022mar.onnx",
    "",
    (h, w),
    score_threshold=0.99, # 阈值，应 <1，越大误检测越少
    backend_id=cv.dnn.DNN_BACKEND_TIMVX, # 使用 TIMVX 后端，如果不使用
NPU 加速，而使用 CPU 计算，注释掉此行及下一行
    target_id=cv.dnn.DNN_TARGET_NPU # 使用 NPU
)
```

```
fps_list = []
tm = cv.TickMeter()

# 循环，碰到按键盘就退出
while cv.waitKey(1) < 0:
    # 读一帧图像
    hasFrame, frame = cap.read()
    if not hasFrame:
        print('No frames grabbed!')
        break

    tm.start()
    # 检测人脸
    faces = detect_face(detector, frame)
    tm.stop()
    # 把 FPS 数值放到一个列表中
    fps_list.append(tm.getFPS())
    tm.reset()
    # 列表最长为 50，超过则删除首个
    if len(fps_list) > 50:
        del fps_list[0]
    # 这样计算出最近 50 帧的平均 FPS
    mean_fps = np.mean(fps_list)

    # 把 FPS 速度画到图像左上角
    cv.putText(frame,'FPS:{:.2f}'.format(mean_fps),(0,15),
cv.FONT_HERSHEY_DUPLEX, 0.5, (0, 255, 0))

for face in faces:
```

```
        # 把人脸框画到图像上
        bbox = face[0:4].astype(np.int32)
        cv.rectangle(frame, (bbox[0], bbox[1]), (bbox[0]+bbox[2], bbox[1]+bbox[3]), (0, 255, 0), 2)

    # 计算人脸框的中心
    centerx = bbox[0] + bbox[2] / 2
    centery = bbox[1] + bbox[3] / 2
    # 为了让人脸处于中心，摄像头在 x 方向和 y 方向应该移动的角度
    stepx = (centerx - w /2) / (-15)
    stepy = (centery - h /2) / (-15)
    # 当前电机 6 和电机 3 的角度
    oldanglex = arm.getAngle(6)
    oldangley = arm.getAngle(3)
    # 转动电机 6 和电机 3
    arm.setAngle(6, oldanglex + stepx, 100)
    arm.setAngle(3, oldangley + stepy, 100)
    ime.sleep(0.1)
    # 停止循环，只根据第一个人脸移动机械臂，忽略其他人脸
    if 0XFF == 27:  # 退出键，27=ESC
        break
    break
    break
    # 把结果图像显示到窗口里
    cv.imshow("Camera", frame)

    arm.unloadBusServo(1) # 马达卸载动力
    arm.unloadBusServo(2) # 马达卸载动力
    arm.unloadBusServo(3) # 马达卸载动力
    arm.unloadBusServo(4) # 马达卸载动力
    arm.unloadBusServo(5) # 马达卸载动力
    arm.unloadBusServo(6) # 马达卸载动力
```

12.3.3.2 运行示例

我们可以按照下面的步骤进行实践。

(1) 首先按照第 I 部分要求进行硬件和软件环境配置，如果环境已经配置，本步可以跳过。

(2) 通过 cd 指令进入到存放有 facetrack.py 的文件目录下（假定文件按照第 I 部分的路径组织，该文件目录处于 Ubuntu 系统的桌面中的 examples 母文件夹中的子文件夹 10 内的 facetrack 文件夹中，操作如图 12-8 所示。实际操作中读者可根据具体文件所在位置进入对应的路径下）。

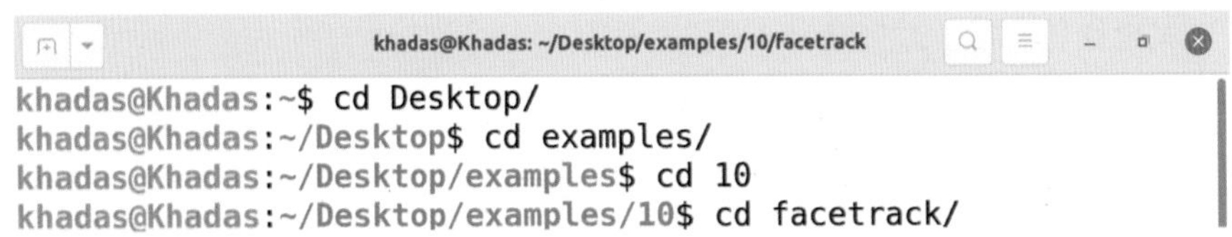

图 12-8　进入指定路径

(3) 如图 12-9 所示，使用 python3 命令运行 facetrack.py 文件。

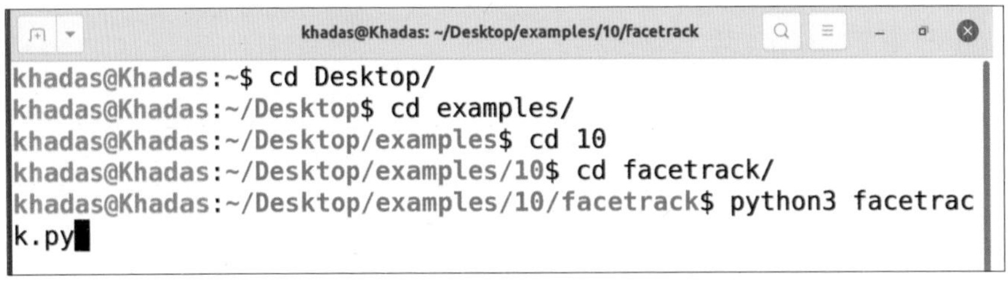

图 12-9　运行相应文件

(4) 实验结果。

载入 RobotArm.py 文件后实现与机械臂的通信，通过 arm.setAngle 使得电机初始化且结合人脸识别内容，载入已训练好的人脸识别模型 face_detection_yunet_2022mar.onnx 对摄像头采集到的图像进行人脸识别，并根据 detect_face(detector, frame) 得到人脸的位置，使电机进行角度旋转使得画面中人脸处于摄像画面居中的位置，最终实现人脸的跟踪。当图像显示窗口激活时，按 ESC 键退出程序。图 12-10 为实时的跟踪画面，具体实现效果可以参考所附文件中的 face_tracking.mp4 文件。

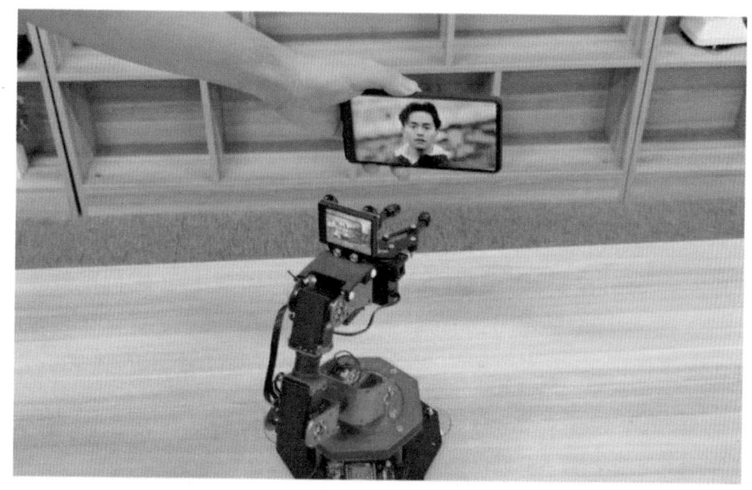

图 12-10　摄像头跟踪人脸的实时画面图

12.4　小结

本章全面探讨了基于视觉的机械臂控制技术，以填补传统机械臂在灵活性和自主感知方面的不足。通过整合视觉传感器、控制结构和传统机械臂，实现了从视觉数据采集到任务动作执行的无缝流程。关键在于视觉数据的获取、图像处理与分析、运动规划与控制的协同作用，使机械臂智能感知环境，做出自适应决策。

本章还介绍了在 OpenCV 中操作机械臂的方法，提供实际操作指南。实例部分涵盖了机械臂舵机控制和人脸跟踪，生动演示了基于视觉的机械臂在多样场景的应用。这些实例不仅助于理解理论，更鼓励积极实践，提升技能。

最后是两个具有挑战性的实践题，考验读者对内容的深刻理解和创造性解决问题的能力。希望读者通过本章学习，可以深入了解基于视觉的机械臂控制技术，为进一步探索机器视觉领域打下坚实的基础。

12.5 实践习题

(1) 设计一个应用，使得机械臂只对某个人 X 产生响应，即只跟踪 X 的人脸。

整体可参考 12.3.3 跟踪人脸的机械臂实例，在 12.3.3 节的基础上加入对特定人脸的追踪。最终实现如图 12-10 的人脸追踪，且满足只跟踪 X 人脸的要求。

(2) 设计一个应用，用机械臂在其周围的环境中寻找并抓取某个物体，将该物体放置于指定位置。

本习题旨在开发一个机械臂应用，能够在其周围的环境中寻找特定物体，将其抓取并放置到指定位置。主要步骤可以简要分为环境感知与定位、目标检测、路径规划和运动控制、物体抓取和物体放置，最终实现如图 12-11 所示的效果。

图 12-11　物品抓取放置示意图

参考文献

[1] Gonzalez R. C., Woods R. E.. 数字图像处理 [M]. 4 版. 阮秋琦, 等, 译. 北京: 电子工业出版社, 2020.

[2] 阮秋琦. 数字图像处理基础 [M]. 北京：清华大学出版社，2009.

[3] 杨帆. 数字图像处理与分析 [M]. 北京：北京航空航天大学出版社，2007.

[4] 许录平. 数字图像处理 [M]. 北京：科学出版社，2007.

[5] 龚声蓉，刘纯平，王强. 数字图像处理与分析 [M]. 北京：清华大学出版社，2006.

[6] 贾永红. 数字图像处理 [M]. 2 版. 武汉：武汉大学出版社，2010.

[7] 张强，王正林. 精通 MATLAB 图像处理 [M]. 北京：电子工业出版社，2009.

[8] Duda R. O., Hart P. E., Stork D. G.. 模式分类 [M]. 李宏东，等，译. 北京：机械工业出版社，2003.

[9] Gonzalez R. C., Woods R. E.. 数字图像处理的 MATLAB 实现 [M]. 2 版. 阮秋琦，译. 北京：清华大学出版社，2013.

[10] M. D. Kelly, “Visual identification of people by computer.,” tech. rep., Stanford univ calif dept of computer science, 1970.

[11] K. Delac and M. Grgic, “A survey of biometric recognition methods,” in 46th International Symposium Electronics in Marine, vol. 46, pp. 16–18, 2004.

[12] C. Ding and D. Tao, “A comprehensive survey on pose-invariant face recognition,” ACM Transactions on intelligent systems and technology (TIST), vol. 7, no. 3, p. 37, 2016.

[13] D. H. Liu, K. M. Lam, and L. S. Shen, “Illumination invariant face recognition,” Pattern Recognition, vol. 38, no. 10, pp. 1705–1716, 2005.